LE
Relèvement de notre Commerce Extérieur

PAR L'ENSEIGNEMENT COMMERCIAL

LE
SERVICE MILITAIRE RÉDUIT

PAR LE SERVICE COMMERCIAL À L'ÉTRANGER

(PROJET)

Les Écoles de Commerce.   Les Musées Commerciaux

EN EUROPE

PARIS
CHEZ LES PRINCIPAUX LIBRAIRES

—

1887

LE
Relèvement de notre Commerce Extérieur

PAR L'ENSEIGNEMENT COMMERCIAL

LE
SERVICE MILITAIRE RÉDUIT

PAR LE SERVICE COMMERCIAL A L'ÉTRANGER

(PROJET)

Les Écoles de Commerce. — Les Musées Commerciaux

EN EUROPE

PARIS

CHEZ LES PRINCIPAUX LIBRAIRES

1887

Toulouse. — Typographie ROUX, rue de la Pomme, 23.

Le 15 Mai 1887.

En publiant cet opuscule, nous n'avons pas eu la prétention de résoudre une question économique si souvent traitée, depuis quelques années, par des publicistes de haute valeur ; notre but est plus modeste.

Nous avons voulu seulement résumer quelques notes puisées dans les rapports consulaires et les ouvrages de M. Eugène Leautey, et compléter ce travail de statistique de quelques vues générales propres à éclairer les négociants et industriels français, à leur faire apprécier l'importance de l'enseignement commercial, afin de créer, avec le concours patriotique de la Presse, un courant d'opinion en faveur des écoles de commerce.

Nous avons voulu aussi rappeler, à nos corps dirigeants, des questions qu'ils connaissent bien, mais qu'ils écartent de leur sollicitude et de leurs préoccupations, les uns par indifférence, les autres par des préjugés et des tendances diverses, préférant, tous, dépenser leur intelligence, leurs forces vives, en des efforts politiques qui n'engendrent qu'antagonismes sociaux, et, par un regrettable esprit d'opposition réciproque, enrayent les meilleures réformes et ajournent les meilleures institutions.

Nous désirons que notre appel soit entendu des représentants du pays et de tous les corps élus, qui ont l'influence et l'autorité nécessaires pour proposer la création d'Écoles de commerce.

Nous souhaitons que, faisant taire leurs divisions, laissant de côté leurs préoccupations politiques, leur attention se porte sur cette insuffisance de notre enseignement commercial, afin d'obtenir, par des efforts concertés, cette régénération commerciale et industrielle qui intéresse au plus haut degré la prospérité de la France.

On nous objectera que les considérations et les solutions que nous proposons ne sont pas de nature à guérir toutes les plaies dont souffre le commerce.

Si le remède que nous recommandons n'est pas une panacée (il n'y a pas de panacée), il sera, croyons-nous, un correctif, un auxiliaire puissant pour combattre le malaise des affaires.

Peut-être aurons-nous apprécié le commerce et l'industrie française avec un esprit pessimiste !

Ne visant que l'effet à produire, nous n'avons pas craint d'être taxé d'exagération, préférant encourir cette critique, à celle d'amoindrir l'impression des statistiques en accordant à nos Négociants et Industriels des circonstances atténuantes. Nous sommes convaincus que les optimistes, les partisans d'atténuations, les propagateurs de la crise générale, du malaise général, donné comme fiche de consolation, entretiennent une opinion des plus dangereuses.

« La certitude que tout le monde est malade ne peut amener votre propre guérison ».

Les caractères virils n'ont pas besoin de ces consolants.

Ceci dit, nous serons satisfaits si l'avenir nous apprend que notre modeste travail a produit quelques bons effets.

LE
RELÈVEMENT DE NOTRE COMMERCE EXTÉRIEUR

PAR L'ENSEIGNEMENT COMMERCIAL

I

La Crise industrielle.

Une crise industrielle et commerciale produit, depuis quelques années, une inquiétude qui obsède le monde des affaires.

Comme tout le monde, nous disons : *crise*; et pourtant le mot nous paraît impropre, puisqu'il n'indique qu'une situation transitoire, qu'un trouble passager, tandis que le malaise des affaires existe depuis plusieurs années et menace de devenir maladie chronique. — Néanmoins, maintenons le mot consacré.....

Cette crise, au lieu d'être violente et aiguë, comme le sont celles préparées par un excès de spéculation, s'est produite sans éclat; elle s'est développée progressivement, et se continue sans qu'aucun symptôme en laisse entrevoir la fin.

La France, qui occupait autrefois le premier rang parmi les nations européennes, semble s'être arrêtée dans son développement. — Depuis dix années, son commerce extérieur n'a cessé de fléchir. — La douane, ce compteur du trafic international, relève, sur nos affaires d'exportation et d'importation en 1886, une diminution de près de deux cents millions. — Les recettes des chemins de fer baissent chaque année. Enfin, le ralentissement de l'extraction minière, ce criterium du travail industriel, ainsi que la baisse constante des prix, nous prouvent l'embarras des fabricants à placer leurs produits.

L'alarme que tous ces faits ont causé a provoqué de nombreuses enquêtes en vue de rechercher les causes de ce mouvement rétrograde. — Les opinions ont été très divisées sur l'origine de la crise, et les causes en sont diversement étudiées et appréciées.

Les optimistes n'y voient qu'une de ces perturbations périodiques amenées par des circonstances toutes naturelles, qui disparaissent comme elles sont venues. — Certains *politiciens,* sincèrement ou non, l'attribuent à la forme gouvernementale, à l'instabilité ministérielle, etc. — Les économistes, aux systèmes de protection ou de libre échange, au ruineux traité de Francfort. — Beaucoup d'industriels accusent la cherté de la main-d'œuvre et les tarifs des chemins de fer et des canaux de les placer dans des conditions défavorables pour la concurrence internationale. — Enfin, des publicistes de grande autorité prétendent qu'il y a deux crises : la *crise industrielle* et la *crise ouvrière ou sociale*. — Cette dernière, touchant à des questions sociologiques fort complexes, nous la laisserons traiter par des compétences spéciales, et ne nous occuperons que de la première, de laquelle nous donnerons une explication beaucoup plus terre à terre.

Les causes de la souffrance du commerce et de l'industrie sont multiples.

Si une ou plusieurs des causes précitées exercent leur action ou leur influence sur l'état de malaise des affaires, nous croyons que celles-là ne sont que des causes indirectes et secondaires, et que la cause principale et primordiale a une toute autre origine : *la décadence de notre commerce extérieur*.....

La cause de cette décadence, la voici :

Pendant une longue période, le commerce français, bénéficiant d'une suprématie depuis longtemps acquise dans le monde entier, a pu se maintenir, presque sans efforts, dans un état relativement prospère. — La France monopolisait certains produits, certaines marques. — On venait à elle. — L'industrie et le commerce, à l'abri de ce prestige séculaire, s'endormaient dans une somnolence heureuse, dans une quiétude sans raison, sans se préoccuper si leur outillage et leurs produits étaient toujours à la hauteur de ceux de leurs concurrents, et, comme pour notre organisation militaire avant 1870, nous reposions à l'ombre de nos lauriers.

Les malheureux événements de l'*année terrible* sont venus nous démontrer combien notre suffisance était peu fondée...

Notre disparition du marché universel, pendant cette période, nous a fait perdre les avantages que l'habitude et les vieilles relations consacraient..... Nos rivaux en ont habilement profité pour s'emparer de nos marchés et de nos meilleurs débouchés, pour faire connaître leurs produits.

Pour prendre la revanche de ce *Sedan commercial*, l'industrie française, avec une énergie et une activité qui mérite des éloges, mit en mouvement toutes ses forces vives pour regagner le terrain perdu.....

Dès que la paix fut signée, un grand nombre

d'industriels transformèrent ou renouvelèrent leur
outillage, en vue de produire plus et meilleur marché.
— De grands progrès furent faits pour atteindre ou
dépasser ceux accomplis par nos concurrents...

Durant les deux ou trois années qui suivirent cette
révolution dans les moyens de production, les vides
considérables qu'avait faits la guerre par la destruction d'énormes quantités de produits qu'il fallut
renouveler, absorbèrent toute la production nouvelle;
aussi, notre commerce accusa-t-il une prospérité
étonnante pendant les quelques années qui suivirent
nos désastres.

Sous l'influence de cette prospérité, se basant
sur l'activité des demandes, de nouvelles usines se
créèrent pour suffire à des besoins divers inattendus.
— Pour répondre à une consommation qu'on
croyait réelle, de nombreuses sociétés anonymes
fondèrent des établissements de toutes sortes : les uns
utiles, les autres que nous pourrions dénommer
parasitaires. — Par un entraînement général et
contagieux, tout le monde crut à cette recrudescence
du travail... Les Chambres de commerce ne cessaient
de demander l'augmentation du matériel aux compagnies des chemins de fer. — Le rendement des
impôts accusant une augmentation croissante, nos

gouvernants crurent aussi à l'insuffisance des routes, des chemins de fer et des canaux; adoptant, pour l'évaluation budgétaire, le funeste principe de la majoration ascendante des recettes, ils firent voter le trop fameux projet des travaux publics. — Les villes, par une émulation contagieuse, entreprirent, sans ressources, des travaux d'élidité : édifices, percements de voies nouvelles... On bâtit avec fureur. — Les particuliers, les capitalistes, sans besoins et par spéculation, firent édifier de somptueux hôtels, dont le premier effet fut une hausse des loyers au-dessus des forces du petit commerce et de la petite industrie...

Le développement de tous ces travaux, en surexcitant l'esprit d'entreprise, en incitant nos manufacturiers à exagérer leurs moyens de production, devait fatalement amener l'exagération des salaires et la désertion des campagnes. — Cependant, avec un peu de clairvoyance, on pouvait concevoir ce qu'il y avait d'exagéré dans ces besoins, dans cette activité commerciale de 1871 à 1876, et de factice dans cette consommation anormale, soutenue malheureusement par les raisons que nous venons d'exposer. Aussi, dès l'année 1877, des symptômes inquiétants se manifestèrent par un ralentissement des demandes et un commencement de baisse dans les prix. — On s'en inquiéta peu.....

Quelques producteurs, se trouvant en perte par ces premières circonstances, recoururent à des expédients pour restreindre leur production, sans arrêter la marche de leur usine, arrêt qui aurait produit l'avilissement de la valeur industrielle ou la mort. — Ils pratiquèrent successivement : la réduction des heures de travail, parfois la diminution des salaires. Moyens insuffisants... La production, disproportionnée avec la consommation, continua d'aggraver ces premiers symptômes. Le chiffre de la production étant le régulateur des prix, ceux-ci ne résistèrent plus à l'augmentation régulière de notre nouvel outillage, et la baisse s'accentua toujours...

Bientôt, par une fatale coïncidence, deux événements vinrent encore compliquer cette fâcheuse situation. L'avilissement des prix des céréales, les ravages ou la destruction, par le phylloxéra, de nos vignobles du Midi, en amenant la gêne dans la population agricole, l'obligea à restreindre ses dépenses. — Enfin, et surtout, le fameux krack de 1882, en diminuant les revenus des rentiers, en ramenant aux proportions réelles ceux des nombreux spéculateurs et de gens de toutes conditions qui avaient inconsidérément enflé leur budget par des opérations de bourse, presque toujours heureuses pendant quelques années, provoquèrent un redoublement d'économie.

Les ressources budgétaires de l'Etat, affectées, à leur tour, par ces diverses causes ; le ralentissement ou l'arrêt des travaux publics s'imposa à nos législateurs ; par suite, chômage des ouvriers et nouvelle diminution de consommation, augmentant d'autant l'excès de production déjà signalé...

Cette simultanéité de circonstances contraires : *production exagérée* et *diminution dans la consommation,* telles sont, croyons-nous, les causes principales de cette crise dont nous allons nous occuper.

L'excès de production existant, et la consommation intérieure ne pouvant être développée au-delà de certaines limites, est-il exact de dire, comme l'ont prétendu certains Economistes, que cette surproduction est la cause de la crise industrielle et commerciale?... — Nous ne le pensons pas.

Faudrait-il, comme certains le prétendent, diminuer la production et la ramener aux limites de la consommation ?... — Nous protestons contre cette appréciation...

La surproduction étant l'expression, la manifes-
tation de l'énergie, de la vitalité industrielle, la
crise actuelle ne peut être attribuée à cette surproduction, pas plus que dans un organisme quelconque la maladie ne résulte d'une qualité active. —
On intervertit la cause et l'effet, voilà tout...

Arrêter cet essor de l'industrie, revenir en arrière,
produirait plus de ruines que la crise actuelle. Le
remède serait pire que le mal... Le voudrait-on, on ne
le pourrait peut-être pas... Le progrès, cette marche
en avant des choses humaines, cette action des
grandes productions sur le développement des nations
et le bien-être des sociétés, ne s'arrête pas, ou bien
ses arrêts ne sont que des étapes, pour reprendre sa
marche avec plus d'activité. N'essayons donc pas de
l'enrayer. — Puisque la crise résulte d'un manque
d'équilibre entre la production et la consommation,
cherchons à le rétablir en faisant la balance par la
sortie ou l'emploi de la surproduction ; en un mot,
débarrassons-nous de cet excès en développant nos
affaires d'exportation par l'expansion coloniale...

Appliquons vite ce remède, qui contribuera à
replacer notre commerce au rang qu'il occupait
autrefois dans le monde.

Une objection nous arrête...

La connaissance du remède ne suffit pas toujours pour lui faire produire ses effets ; il faut pouvoir se l'assimiler ; il a besoin d'agir dans certaines conditions de milieu favorable, avec le concours d'agents secondaires qui lui donnent l'efficacité.

Dans le cas qui nous occupe, pour faire de l'extension commerciale, de l'exportation, il faut disposer d'une organisation spéciale : à l'industriel, l'organisation de comptoirs à l'étranger pour effectuer le placement de sa fabrication ; au négociant, la création de factoreries pour l'achat des produits coloniaux et matières premières, afin d'éviter les intermédiaires étrangers ; à l'un et à l'autre, des agents ayant les aptitudes et les connaissances requises. — La hardiesse et la volonté ne suffisant plus aujourd'hui pour faire le commerce extérieur, il faut des hommes instruits, ayant des connaissances techniques de la chose commerciale.

L'industriel exportateur ne doit pas seulement savoir fabriquer, il doit être négociant, banquier, économiste, et surtout polyglotte ; connaître la législation commerciale, les traités internationaux, les tarifs douaniers, les conditions générales de vente chez tous les peuples, etc. ; enfin, il lui faut encore, pour réussir, une politique coloniale favorable. —

Avons-nous en France des sujets nombreux réunissant ces connaissances spéciales? Sommes-nous favorisés d'une politique coloniale pouvant seconder les exportateurs ?

Nous allons tâcher de démontrer que nous sommes, à cet égard, dans les plus mauvaises conditions.

Comme le disait le grand industriel Menier :

« Je vois bien chez nous la machine à fabriquer, mais c'est la » machine à vendre qui nous manque. »

On a beaucoup répété que le Français ne savait ni coloniser, ni exporter... Cela est inexact... Les expéditions du siècle dernier, nos succès au Canada, à la Louisiane, à la Réunion, etc., etc., prouvent que nous en avons le tempérament, l'initiative et la hardiesse. — Nous avons, mieux que les races du Nord, une souplesse d'organisation, une facilité d'adaptation qui nous donnent plus d'aptitudes pour nous acclimater dans tous les pays et sous toutes les latitudes; seulement, les conditions pour l'expansion coloniale et le commerce extérieur sont aujourd'hui complètement changées.

Il y a un siècle, la France, l'Angleterre, la Hollande et l'Espagne étaient les seules puissances qui exportaient. Le champ d'exploitation était si vaste, qu'il y avait place pour tous. Chaque puissance se délimitait un pays qu'elle exploitait presque sans concurrence, avec des moyens et des connaissances rudimentaires, imposant à ces pays la marchandise, la langue et la législation de la métropole.

Si, à cette époque, une génération d'hommes a fait fortune dans les colonies avec un mince bagage de connaissances, elle n'existe plus. — Depuis, une révolution scientifique et économique a bouleversé notre siècle, a changé la géographie commerciale et les moyens de transport. — L'électricité, la vapeur, les perfectionnements de toutes sortes ont changé toutes les conditions du commerce. De nouveaux Etats, développant leur industrie avec un outillage récemment perfectionné, sont venus nous disputer la place avec des produits similaires obtenus meilleur marché. Profitant de nos fautes, de nos désastres, ils se sont emparés de nos affaires d'exportation.

L'immixtion de ces nouveaux venus a changé les conditions du marché, rendu la clientèle plus exigeante, les affaires moins lucratives et plus difficiles. Au lieu de venir à nous comme autrefois, il a fallu les solliciter...

Dès que nos concurrents ont compris que l'heure de la demande était passée, et que celle de l'offre était venue, sans attendre et sans bouder à ces exigences nouvelles, de tous les centres manufacturiers d'Europe sont partis des légions de commis-voyageurs, chefs d'industrie, fils de négociants, non seulement pour offrir un peu partout les produits de leur fabrique, mais encore pour étudier sur place les besoins, les coutumes, les ressources et les exigences des pays auxquels ils voulaient fournir... Voilà ce qu'ont fait les Belges, les Hollandais, les Allemands.

Pendant ce temps, que faisions-nous?

Par une suffisance déplorable, nous avons cru que nos produits s'imposeraient comme avant, nous nous sommes crus indispensables, nous avons manqué de souplesse, nous n'avons pas su faire des concessions de prix ou des modifications de fabrication que nous imposait le nouvel état des choses, et nous avons été délaissés.

A cet égard, nous avons lu des rapports de commissionnaires français aux colonies qui s'exprimaient ainsi :

« Nous avons demandé en France des modèles qui diffèrent de ceux dont on a l'habitude ; il nous a été répondu que c'était impossible, qu'il faudrait changer l'outillage, etc., etc. Obligés que nous sommes de nous conformer aux exigences de notre clientèle, nous continuons, à regret, à vendre les articles étrangers ».

Par l'effet de cette obstination, les produits étrangers ont été achetés, non seulement par nos compatriotes à l'étranger, mais encore par les Français de l'intérieur; car nous devons dénoncer, à la honte de certains négociants, cette absence de patriotisme qui leur fait acheter, pour une minime différence de prix, des produits étrangers qui diminuent d'autant l'écoulement des produits français.

Ne devons-nous pas à la connivence de ces négociants de nous voir submergés de produits allemands? Ils favorisent des concurrents déloyaux qui nous font une guerre acharnée en imitant nos marques de fabrique, en contrefaisant nos étiquettes, etc...; contrefaçon poussée si loin et si haut, qu'il nous a été affirmé qu'en Allemagne l'industrie du tabac envoyait souvent ses produits à la Havane, et les faisait retourner pour les vendre en Europe, avec un certificat d'origine espagnole. — Il en est de même, paraît-il, pour des sucres allemands importés à la Martinique, à Mayotte, à Nossi-Bé et à la Réunion, et réexpédiés en France avec la bonification accordée à la production coloniale. *(Cette dernière fraude existe, puisque le Conseil d'Etat en est actuellement saisi.)*

L'illustre maison Krupp n'en est-elle pas arrivée au comble de la contrefaçon en présentant, à la commission militaire norwégienne, des canons de Bange fabriqués par elle?... — Aussi, cette Allemagne, qui ne vit que de contrefaçon, n'a pas voulu se faire représenter à la conférence internationale de l'Union pour la protection de la propriété industrielle, cela afin de pouvoir piller marques, étiquettes et estampilles un peu partout, se moquant de la moralité commerciale, comme de la moralité politique.

Ces exemples et ces faits étant connus depuis plusieurs années, en tirons-nous un enseignement, une leçon?.. Pas le moins du monde...

Voici ce que nous faisons encore aujourd'hui :

Quand un négociant français, qui n'a jamais fait le commerce extérieur, *ce qui est le cas des neuf dixièmes de nos compatriotes,* veut entrer en relations avec une colonie, tenter des affaires avec l'étranger, il s'adresse à notre Consul, le priant de le mettre en rapport avec un agent ayant toutes les qualités désirables pour le représenter, vendre ses produits, etc. — MM. les Consuls de France, instruits au quai d'Orsay trop exclusivement de politique, connaissant rarement les négociants ou les commissionnaires du poste qu'ils occupent, lui désignent, de la meilleure foi, le *premier venu*... On fait une ou deux affaires d'essai par cette entremise de hasard, et, par déception ou toute autre cause, la tentative s'arrête à ces débuts...

Certains, mieux initiés, obtiennent quelques petits résultats par l'entremise d'une agence d'exportation de Paris ; mais, le plus grand nombre ne pratique que l'envoi du catalogue et la publicité par prospectus adressés d'après le Didot-Bottin... Si quelques-uns font des offres écrites, avec envois d'échantillons, presque toujours ces lettres restent sans effet et sans réponse...

Nous ne parlons pas de ceux qui ont essayé de consigner, à des entrepôts lointains, leurs produits, confiés à des maisons étrangères qui vendent les leurs avant les nôtres : les résultats ont été presque toujours pitoyables.....

Après ces diverses tentatives sans succès, le négociant français, découragé, rentre dans la contemplation de son commerce intérieur avec la conviction que l'exportation est sans profits.

Tels sont, à peu près, les moyens de pénétration

sur le marché étranger de la plupart de nos industriels....

L'offre à distance, Messieurs les Négociants, est
un système anodin, frappé de stérilité par les visites
périodiques des agents rivaux, et l'envoi de catalogues et d'échantillons n'est que l'auxiliaire d'une
propagande plus militante.

Les représentants et les commissionnaires français
ou étrangers ne valent guère mieux. Ceux même
animés des meilleures intentions sont absolument
insuffisants ; les renseignements qu'ils transmettent
sont tronqués, dénaturés par leur incompétence de la
fabrication. — Représentant vingt ou trente maisons,
souvent plusieurs du même article de provenance
différente, ils ne peuvent, sans nuire à leurs intérêts,
se refuser à vendre un produit étranger quand il y
a différence de prix ou un modèle qui ne convient
pas aux habitudes du pays...

Voilà les funestes conséquences de notre ancienne
suprématie commerciale. Habitués à imposer nos
goûts et nos produits sur tous les marchés, nous ne
voulons pas nous plier aux usages des contrées dont
nous voudrions avoir la clientèle.

Cet absolutisme commercial s'expliquait quand
nous étions seuls à produire certains articles ;

aujourd'hui , ces mêmes articles étant offerts par les industriels étrangers, souvent meilleur marché, cette manière de faire nous conduit à une diminution, chaque jour plus sensible, de nos affaires d'exportation. Actuellement, l'Angleterre nous dépasse du double, l'Allemagne de plus d'un milliard, l'Italie progresse dans toute la Méditerranée, en Egypte et dans la République Argentine.

En Asie et en Océanie, notre désavantage est extrême et ne dépasse pas la supériorité d'un petit peuple, la Hollande.

Pourquoi ne créons-nous pas de nombreux comptoirs, non seulement dans nos possessions, mais dans toutes les parties du monde?

Pourquoi ne pratiquons-nous pas ce que font les maisons anglaises et allemandes, la *double opération inverse :* vendre les produits de la métropole et acheter, en même temps, des produits coloniaux, opération qui procure, avec un double profit, l'économie des frais de banque quand le remboursement de la première se fait en marchandise?

« La *meilleure manière de trouver un client,* » disait un négociant de grande expérience, *est* » *d'acheter soi-même. Comme acheteur, on est bien*

» *reçu partout ; il n'y a qu'à changer de rôle quand*
» *la glace est rompue.* »

Pourquoi ne faisons-nous pas ce que font nos
concurrents, n'employons-nous pas leurs moyens
de succès, leurs procédés nouveaux?

Nous sommes aujourd'hui admirablement outillés
industriellement. Dans toutes les épreuves officielles
subies entre les industries française et allemande,
notre supériorité de fabrication a été reconnue.

S'il n'y avait qu'une question de sentiment et de
principe, l'évolution serait déjà faite ; nous ne sommes pas assez routiniers pour ne pas divorcer pres-
tement avec un principe défavorable à nos intérêts.
Malheureusement, un obstacle plus sérieux nous
empêche, actuellement, de procéder comme nos
voisins, et ne nous permet pas d'occuper, dans le
commerce extérieur, la place que comporte notre
importance nationale ; cet obstacle provient de
l'insuffisance de notre enseignement commercial, et
notre ignorance des langues vivantes...

Si nous sommes récalcitrants aux affaires d'exportation, si nous hésitons à nous expatrier, ce n'est pas
la beauté de notre climat, la fécondité de notre sol
qui nous retiennent, ces avantages existent ailleurs,

mais bien parce que nous avons conscience de notre infériorité pour la lutte d'aujourd'hui.....

Voilà la vraie raison qui nous tient attachés à notre *home* et nous réduit à notre marché intérieur.

Il nous manque des éléments essentiels, indispensables, des sujets ayant des connaissances techniques d'exportation et connaissant plusieurs langues vivantes. Privés de ces facteurs de propagande à l'étranger, nous sommes, pour presque toutes nos affaires extérieures, tributaires d'un intermédiaire, incapables que nous sommes de les faire nous-mêmes; aussi, voyons-nous trop souvent des produits français qui s'imposent, vendus aux colonies par les maisons anglaises ou allemandes.

Nous sommes réduits à faire du commerce indirect avec le *middleman* anglais ou commissionnaire français, véritable puissance sur certaines places, intermédiaire qui garde tous les secrets des débouchés, et ne laisse à l'industriel qu'un minimum de bénéfice, après l'avoir mis en concurrence avec tous ses confrères.

A ce sujet, il nous revient en mémoire le cas d'une importante maison de Toulouse qui, depuis plusieurs années, vendait une grande partie de ses produits à un Allemand ; celui-ci, pour en déguiser la vraie destination, les faisait adresser à Bordeaux, pour les réexpédier en Catalogne (Espagne). Une circonstance fortuite apprit au négociant français que ses produits étaient vendus à des tanneurs de cette contrée. — Immédiatement il étudia l'espagnol. — Depuis, sa maison prospère avec les affaires que lui procure ce débouché qu'il ignorait complètement. — Mais combien de bénéfices perdus pendant les dix années d'entremise de l'Allemand !

Pour combattre ces causes inhérentes à notre éducation commerciale, il est donc indispensable de développer l'enseignement technique industriel et commercial, qui n'existe en France qu'à l'état embryonnaire.

Il faut créer des écoles de commerce, pousser à l'étude intensive des langues étrangères, afin de former une nouvelle génération de jeunes négociants et industriels, qui auront les qualités requises pour lutter avantageusement avec nos concurrents et regagner le terrain perdu.

Nous avons besoin de former une armée de voyageurs instruits et préparés pour cette lutte : les écoles de commerce doivent nous procurer ces éléments de combat.

Comme le dit M. Anselme Ricard, dans un mémoire dédié aux Chambres de commerce :

« Les écoles de commerce nous sauveront de la décadence ; soyez-en sûrs, Messieurs les Négociants et les Industriels. Fondez donc et ouvrez vite des écoles de commerce.

. . . .

» Prenez garde, Messieurs les Négociants français, le commerce allemand est plus instruit, plus discipliné, plus entreprenant que le commerce français ; il est orienté sur tout : il a la clef de toutes les langues, il a l'œil ouvert sur le monde entier, il ne craint pas d'aller à l'école ; et si vous ne sortez de votre torpeur, il vous annihilera ».

Celui qui s'exprime ainsi est un compatriote qui, depuis vingt ans, professe le français en Autriche.

Voilà le vrai remède à apporter à la crise actuelle : développer les études commerciales est le plus sûr moyen d'en conjurer les effets.

Fondons des écoles de commerce pour compléter l'instruction primaire supérieure des jeunes gens qui se destinent au commerce ; poussons surtout à l'étude des langues étrangères, non pas seulement par des cours municipaux de quelques heures par semaine, suffisants tout au plus à parer à l'oisiveté de quelques amateurs, mais par un enseignement intensif de plusieurs heures par jour, avec exercices écrits et exercices de conversation, sous la direction de professeurs diplômés, connaissant non seulement la langue qu'ils professent, mais encore celle des élèves... Pour cela, instituons les Facultés de philologie moderne. La connaissance parfaite des langues étrangères nous donnera la hardiesse des voyages et du commerce extérieur, que nous redoutons parce que nous nous savons incomplètement armés, et qu'après la frontière franchie, nous nous heurtons à la difficulté de nous faire comprendre ou à l'inconvénient des interprètes toujours onéreux.

Si l'éducation commence un homme, ce sont les voyages qui le complètent.

(Proverbe américain.)

La connaissance des langues étrangères provoque une expansion qui nous fait connaitre les hommes et les respecter dans toutes les nationalités ; elle contribue à la disparition de ces frontières traditionnelles créées par un état de barbarie, frontières illusoires qui n'ont jamais rien sauvegardé...

La diffusion des langues vivantes amènera des contacts avec l'étranger, développera des rapports de sympathie avec des peuples intentionnellement ameutés les uns contre les autres, par quelques despotes ou hobereaux militaires qui ne s'élèvent que par la guerre.

Il est ridicule autant qu'odieux de vouloir, par folie patriotique, en pleine civilisation, transformer une guerre politique en une guerre de race, comme la prépare certaine presse reptilienne subventionnée.

Réagissons, par le calme et la dignité, contre cette minorité de fous, qui ne représente d'aucun côté la nation honnête et laborieuse, ni la nation intelligente ; — et sans porter à des voisins suspects une sympathie de dupes, évitons ces excitations réciproques qui finissent, sans motifs, par rendre la guerre inévitable...

Les hommes politiques allemands connaissent nos armements et notre valeur militaire ; ils se garderont bien de compromettre leur gloire de hasard par une provocation directe : ils nous craignent plus que nous ne les redoutons...

Ne nous affolons donc pas au moindre incident diplomatique ; trop d'impressionnabilité fait perdre la gravité que certaines circonstances imposent.

Attendons avec calme l'heure de la justice...

Ne nous grisons pas de mots.... Inoculons aux enragés de revanche intempestive le virus atténuant de la raison...

Disons-leur : Après cette revanche, qu'aurez-vous produit ?..... Si vous êtes vainqueurs, les Allemands la redemanderont avec les mêmes raisons..... La revanche d'aujourd'hui reprendra demain pour durer toujours.....

Avec de tels principes, on aboutira à des haines inextinguibles, interminables, et au suicide universel de l'humanité.

Que nos lecteurs nous pardonnent cette échappée sur le terrain de la politique où nous avons été amenés sans préméditation ; nous revenons à notre sujet pacifique : la création d'écoles pour l'Enseignement commercial, enseignement qui doit ouvrir des voies nouvelles à notre commerce et rétablir une supériorité qui redeviendra française.

II

L'Enseignement Commercial.

L'enseignement commercial existe en France depuis longtemps. C'est en 1820 que la première école de commerce a été fondée par deux négociants parisiens, MM. Brodart et Legret.

Ces deux novateurs eurent l'initiative de créer cette institution pour compléter, par des études spéciales, l'instruction générale des jeunes gens qui se destinaient aux affaires.

Cette création rencontra à son berceau de bien nombreuses difficultés, non seulement pour réunir dans un programme d'enseignement toutes les connaissances qui peuvent être utiles à un négociant, former des professeurs et trouver des élèves, mais surtout des obstacles provenant de cette prévention, de ces préjugés contre l'utilité des écoles de commerce qui faisait dire à M. Jacques Siegfried :

« Nous sommes encore à penser que le commerce est si peu de chose, qu'il n'est pas besoin d'y préparer personne, et qu'il suffira toujours des fruits secs des autres professions. »

. Créer cette nouvelle école, dans un milieu imbu de tels principes, était bien téméraire ; ça été le mérite de ces deux hommes d'initiative.

Elle a vécu pendant 50 ans sous le nom d'*Ecole supérieure de commerce*, ou d'*Ecole Blanqui*, avec des alternatives de succès et de mécomptes.

Près de sombrer en 1860, malgré les inappréciables services qu'elle avait rendus pendant cette période, la Chambre de commerce de Paris s'émut de cette situation et en décida l'acquisition.

La direction en fut confiée à un professeur distingué, M. Schwaeblé, ancien élève de l'Ecole polytechnique, qui maintint cet enseignement, et lui imprima même un mouvement vers de plus hautes études ; aussi, l'institution se releva promptement, le succès s'accentua ; il n'a pas diminué depuis.

Tels ont été les débuts de notre première Ecole commerciale.

Dans cette période de près de 70 années, quelques institutions similaires se sont créées en France...

Nous possédons aujourd'hui dix écoles de commerce : à Lyon, Marseille, Bordeaux, Rouen, le Havre, Reims, et quatre à Paris.

Ces écoles forment deux groupes distincts :

Le premier groupe comprend sept écoles supérieures, dont deux à Paris et cinq en province ;

Le second groupe comprend trois écoles d'enseignement commercial primaire supérieur, dont deux à Paris et une en province.

Les écoles supérieures de Paris et de province représentent deux tendances contraires qui se manifestent dans les programmes d'enseignement. Les unes ont restreint l'enseignement à la spécialité, à des vues particulières ou à des exigences locales, prétextant : « *que si on étudie un peu de tout, on ne sait rien sérieusement* ». Les programmes des écoles de Lyon, Marseille, Rouen, le Havre et Bordeaux ont été conçus d'après ce raisonnement.

Le raisonnement opposé, appliqué aux programmes des écoles de Paris, est celui-ci :

« Les écoles de commerce doivent donner, avec la pratique des opérations commerciales simulées dans les comptoirs des écoles, un enseignement général théorique ; elles doivent être contituées en écoles polytechniques commerciales, dont l'usine, la fabrique et les comptoirs seront les écoles d'application ».

Ces deux principes, de l'enseignement pratique spécialisé et de l'enseignement général théorique, nous paraissent le point qui divise les écoles de commerce et les opinions des négociants. Les programmes, tout en ayant un fond commun : géographie, histoire commerciale, langues étrangères, droit et législation commerciale, sciences physiques et naturelles, études des marchandises, etc., etc., diffèrent par les méthodes pour l'enseignement de ces connaissances.

Nous n'hésitons pas à nous déclarer partisans du principe de l'enseignement général théorique, estimant que tout enseignement spécial doit être d'abord solidement basé sur un enseignement général. Celui qui possède la théorie reçoit plus de l'expérience que le praticien, auquel il sera toujours supérieur quand il faudra résoudre des questions difficiles.

Nous croyons que la pratique trop développée perd ou rabaisse l'enseignement commercial. Nous ne sommes pas de ceux qui croient « *qu'il faut » apprendre à ficeler un paquet pour devenir » bon négociant, ou commencer par porter des » manches de lustrine pour devenir un banquier » habile* » ; c'est trop voir cet enseignement par les petits côtés.

A cette époque de progrès industriel, il est indispensable de donner d'abord l'enseignement théorique, qui se complétera ensuite par la pratique et l'expérience. Quand l'enseignement pratique prédomine dans un programme, l'élève conserve toujours la lacune d'un enseignement théorique incomplet.

Les trois écoles du second groupe pourraient être comparées, par l'enseignement spécial pratique, aux Ecoles supérieures de commerce de province ; elles en diffèrent par un développement moindre donné aux études scientifiques, et une plus grande place à celle des langues vivantes.

Nous ne développons pas davantage l'économie de ces onze institutions, devant plus spécialement nous occuper des unes et des autres, dans la *Monographie générale des Ecoles de·commerce*.

Actuellement, nous voulons seulement constater, qu'après 70 années de propagande, après tous les efforts des Chambres de commerce et de l'initiative privée, cet enseignement est à peine organisé, et que la France ne possède encore, aujourd'hui, que *onze écoles de commerce avec 1450 élèves environ*.

Quelques esprits français, trop enthousiastes, pourraient se déclarer satisfaits de ces résultats, et croire que tout est pour le mieux et que la France n'a rien à envier aux autres nations. Qu'on en juge par ce tableau comparatif du nombre des élèves des écoles commerciales de quelques pays :

AUTRICHE. .	**69** écoles commerciales, avec	**7885** élèves.		
ALLEMAGNE.	**85**	—	—	**9420** —
ITALIE.	**120**	—	—	**30330** —
ETATS-UNIS .	**269**	—	—	**52300** —
ROUMANIE. .	**6**	—	—	**900** —

« Dans cette statistique ne figurent pas les innombrables écoles professionnelles d'architecture, d'agriculture, de navigation, *realschulen* allemandes, écoles de dessin, écoles industrielles de la brasserie, de la raffinerie, et autres spécialités professionnelles. »

Nous figurons dans cette statistique, presque au même rang que la Roumanie, ce petit Etat de trois millions d'habitants qui consacre à l'enseignement commercial un budget mieux pourvu que le nôtre...

Nous devons encore ajouter que la situation de nos onze écoles est loin d'être prospère... Les écoles de Rouen et du Havre se soutiennent à peine, faute de ressources ; celle de Lyon n'est pas dans une situation meilleure. L'école de Bordeaux a des budgets en équilibre, grâce à la bonne administration de la *Société philomathique.* Seules, les écoles de Paris et de Marseille obtiennent un excédent de recettes sur les dépenses, et cela est dû à l'appoint des élèves qui leur viennent de l'étranger.

Tel est le bilan de nos écoles commerciales : résultats excellents sous le rapport de l'enseignement, mais pénurie d'élèves et, par suite, situation financière déplorable.

Quelque pénible que soit cette constatation pour notre patriotisme, nous ne chercherons pas à atténuer la portée de cette statistique; nous devons, au contraire, au commerce français, la divulgation de cette infériorité de notre enseignement commercial ; la cacher, laisser le public dans son optimisme, serait retomber dans les errements d'autrefois, entretenir cette regrettable outrecuidance, perpétuer cette funeste légende : « *de la France victorieuse partout, supérieure en tout* », légende qui n'a pas été une des moindres causes de nos désastres militaires et de la souffrance de notre commerce.

Nous en sommes encore tellement imbus, qu'il nous a été donné d'entendre récemment, dans une Assemblée générale d'actionnaires d'une Société industrielle, un personnage d'une réelle valeur s'exprimer ainsi :

« La connaissance des langues vivantes n'est pas nécessaire pour le commerce d'exportation ; on parle ou on comprend le français partout. »

Voilà un exemple de notre chauvinisme inconsidéré.

Substituons à ces sentiments présomptueux la vérité, quelque désagréable qu'elle puisse être. Quand nous aurons perdu cette vieille habitude de nous admirer en tout, nous y gagnerons en dignité d'attitude, nous serons plus disposés à étudier nos rivaux, à leur prendre ce qu'ils ont de qualités pour en augmenter les nôtres.

Nous avons bien d'autres titres à l'admiration contemporaine pour avouer franchement ce point faible, ce défaut de cuirasse... — Qui n'en a pas ? — Voilà pourquoi, sans vouloir amoindrir les aptitudes et l'intelligence commerciale des négociants français, nous croyons accomplir un devoir en signalant l'insuffisance de notre enseignement commercial.

Notre ignorance du commerce extérieur, voilà notre ennemie.... N'allons pas chercher ailleurs la cause de notre diminution graduelle du trafic international.

Le développement commercial de l'Italie, de l'Autriche et de l'Allemagne n'est dû qu'à la parfaite organisation de l'enseignement technique du commerce, à un personnel d'agents et de fils d'industriels connaissant plusieurs langues, et nourris, dans les écoles de commerce, de bonnes études spéciales pour s'établir ou voyager dans les pays étrangers.

« Un homme qui sait deux langues vaut deux hommes, disait Napoléon Ier ».

Il est temps de réagir et de sortir de cette infériorité, d'apporter à notre malaise un remède moins platonique que les enquêtes parlementaires.

Les négociants et industriels ne sont pas seuls coupables ; l'Etat et la loi ont leur grande part de responsabilité.

Que tous ceux qui ont souci de la prospérité de la France fassent de la propagande pour cet enseignement ! — Que nos hommes politiques fassent taire leurs divisions de coterie et de parti ! — Qu'ils concertent leurs efforts, utilisent leur part d'influence pour agir auprès des pouvoirs publics et faire mettre la question à l'ordre du jour !... — Que nos députés des grands centres commerciaux présentent ce projet, s'en fassent les rapporteurs à l'Assemblée législative, le fassent adopter, et, par une loi, décréter l'enseignement commercial d'*utilité publique !...* — Que la presse s'occupe de cette question ; car c'est elle qui a la mission de répandre les idées utiles, de préparer l'opinion publique pour faire entrer une réforme ou une institution nouvelle dans le domaine de l'application.

Une réforme commerciale et industrielle ne mérite pas moins d'être étudiée que la réforme d'une constitution.

N'oublions pas que le *Comte de Fer* n'a pas dédaigné d'être le ministre du commerce en Allemagne, et de s'occuper, personnellement, des réformes commerciales.

La lutte mérite que tous s'y emploient, puisque de la prospérité commerciale dépend la grandeur de la France.

Si nous demandons l'intervention de l'Etat, ce n'est pas que son ingérence soit désirable, mais parce que nous avons aujourd'hui la conviction que l'initiative privée, avec ses ressources restreintes, sa fragilité d'organisation, ne peut fonder rien de durable. L'existence précaire de quelques écoles françaises, qui ont eu cette paternité, nous confirme dans cette opinion. Il faut l'Etat pour la subvention de l'Enseignement et la sanction des grades ; les départements et les villes doivent intervenir pour les locaux et l'emménagement scolaire; enfin, les Chambres de commerce ou autres institutions commerciales, pour la formation et la surveillance des programmes, le budget des dépenses et des recettes, et l'administration générale sous le contrôle de l'Etat...

Avec ces trois concours, l'institution vivra et prospèrera.

L'Etat, nous dira-t-on, ne doit pas l'instruction professionnelle...

Ceux-là oublient qu'il la donne depuis longtemps aux avocats, aux professeurs et aux médecins dans ses Facultés ; aux militaires, dans ses Prytanées; aux ingénieurs, dans son Ecole des ponts et chaussées ; enfin, que les artistes la reçoivent dans les Conservatoires et les Ecoles des beaux-arts, et qu'il entretient encore des Facultés de théologie.

Le commerce et l'industrie n'ont-ils pas les mêmes droits ? — Ne concourent-ils pas à la grandeur nationale ? — Pourquoi l'enseignement commercial n'est-il pas ce qu'il devrait être dans un pays où l'industrie est une des principales branches de la fortune publique ?

Dans un état social civilisé, l'intelligence et l'activité humaine se manifestent par des applications différentes, mais souvent équivalentes.

L'étude des lettres et des sciences, les créations artistiques, les travaux agricoles, les productions industrielles et les transactions commerciales contribuent, par des voies différentes, à l'instruction ou au bien-être de l'humanité. Ce sont des services publics qui relèvent de l'Etat, auquel ils apportent des ressources morales ou matérielles pour l'instruction qu'il leur a donnée.

Depuis bien des années, les lettres, les sciences et les arts sont fortement constitués par un personnel enseignant; ils sont largement dotés des ressources de l'Etat et des villes par de nombreuses écoles, facultés et musées, tandis que l'industrie et le commerce sont presque oubliés dans la distribution du budget. Pourquoi toutes ces faveurs pour les unes et l'oubli ou la parcimonie pour les autres? — Est-ce un droit d'aînesse ou un culte traditionnel?

Nous estimons indispensable la haute culture intellectuelle. Loin de nous la pensée de faire le procès de l'Enseignement universitaire; seulement, nous voudrions que l'Etat réservât une place plus

large aux besoins de notre époque, que l'enseignement commercial ne fût pas délaissé et traité en paria.

Voici comment s'exprimait *M. James A. Garfield*,
président des Etat-Unis, dans un discours prononcé
en 1869, en présence des élèves de l'institution
Spencer :

« Les programmes des études de nos collèges, n'ayant pas été
basés sur les idées modernes, ne sont pas en conformité avec les
aspirations de notre époque.

» Le système d'éducation qui prévalait jadis, répondait aux
besoins d'une époque où l'enseignement se donnait en grec ou en
latin. Si, en ce temps-là, un homme voulait apprendre l'arithmétique,
force lui était d'apprendre d'abord le latin, et s'il voulait étudier
l'histoire ou la géographie, il ne pouvait encore acquérir ces connaissances qu'à la condition de savoir parfaitement le latin.

» Cela avait sa raison d'être, car les universités qui ont servi de
modèle à nos collèges ont été fondées bien longtemps avant la
naissance des langues modernes, dont les principales n'ont pas six
cents ans d'ancienneté ; et c'est parce que leur formation n'était pas
alors définitivement accomplie qu'on en délaissait officiellement
l'étude pour ne s'occuper que des langues mortes, qui, en comparaison, en étaient arrivées à un plus haut degré de perfection.

» Mais ces vieilles nécessités du temps ont disparu. . . . . .
. . . .

Dans ce siècle de positivisme, de besoins matériels
incessants, il convient d'admettre que le commerce,
l'industrie et l'agriculture procurent des résultats
généraux tout aussi appréciables.

Cette préférence pour l'enseignement classique résulte-t-elle d'un sentiment aristocratique qui veut une hiérarchie dans les applications de l'intelligence et une démarcation sociale pour chacune de ces applications?

Pourquoi une démarcation dans l'enseignement des diverses connaissances humaines?... — Ne faut-il pas, pour le commerce extérieur d'aujourd'hui, une culture scientifique aussi étendue que pour beaucoup de carrières *dites libérales?*... — Le champ des études n'est-il pas aussi vaste?... — Connaître l'économie commerciale, traiter avec compétence la carte géographique d'un pays, fonder un établissement commercial à l'étranger nous paraît aussi estimable que d'interpréter les lois...

S'en aller au loin répandre les produits nationaux, préparer le chemin à l'influence française, n'est-ce pas servir l'intérêt public et la patrie?...

Pourquoi une hiérarchie dans les professions?...

Qui pourra nous dire s'il ne faut pas, pour devenir habile mécanicien, autant de travail et d'intelligence que pour être notaire ou avocat?...

Dans toutes les carrières, il y a des hommes d'élite; ceux-là, seuls, méritent une distinction.

Si une hiérarchie sociale est nécessaire pour

maintenir l'émulation, nous ne l'admettons que par la supériorité obtenue dans chacune de ces professions; en un mot, la hiérarchie du mérite personnel.

Pourquoi donc cette défaveur pour le commerce ?

En définitive, à un point de vue moins élevé, ne pourrait-on pas dire que presque tous les actes de la vie ont un côté commercial ?... — L'agriculteur qui fait la double opération de l'achat et de la vente de ses animaux d'élevage, qui spécule sur la hausse ou la baisse de ses produits, fait un acte de négoce... Tous nos travaux, nos agitations différentes, n'ont, presque toutes, qu'un objet, qu'un but : la réalisation d'un profit qu'on dénomme *bénéfice* ou *honoraires*, selon qu'ils proviennent d'un comptoir ou d'un cabinet. L'enseigne varie, voilà tout !

Si la susceptibilité de certains raffinés était froissée de ces comparaisons, s'ils trouvaient que le *mercantilisme* manque de *chevaleresque* et n'est pas assez *talon rouge*, nous leur répondrions : Que c'est avec ces turlutaines de sentiment qu'une grande partie de l'ancienne noblesse est arrivée à une situation des plus précaires, et que c'est avec la vanité de s'appliquer ces mêmes principes que certaines *classes moyennes*, bourgeois, parvenus et autres, laisseront une génération d'inutiles.

Du reste, voici comment s'exprimait le premier magistrat des Etats-Unis, *M. A. Garfield :*

« L'Enseignement commercial pratique est le couronnement nécessaire des études, aussi bien pour les jeunes gens qui ont fait leurs études dans nos écoles publiques, que pour les gradués qui sortent de nos Universités, puisqu'aux uns et aux autres il fournit d'importantes, d'indispensables leçons, avant qu'ils ne s'engagent de plein pied dans la vie des réalités, dans la vie des affaires......

Revenant à l'enseignement commercial, qu'on a souvent taxé de « *science d'épicier* », nous prétendons que, par les services qu'il rend et les avantages qu'il procure au pays, il est aussi digne de sollicitude et mérite les mêmes dépenses et les mêmes sacrifices que les autres enseignements.

Le discours latin est fort appréciable, mais il ne doit pas primer le discours anglais ou allemand.

L'Etat pourvoit au recrutement des ingénieurs, des artistes, des médecins, du clergé et de la magistrature; pourquoi se désintéresse-t-il du recrutement des *agents commerciaux ?*

Six millions de Français vivent du négoce ou des professions relatives au commerce. Que fait l'Etat pour cette classe, sans le travail de laquelle les produits industriels et agricoles seraient stérilisés sur place, au grand préjudice de tous ?

Le commerce est un service public de premier ordre, dont le rôle économique prime des services moins productifs.

Nous concluons :

Ses droits à la distribution du budget de l'instruction publique étant démontrés, le Gouvernement républicain doit faire l'application de ses principes égalitaires, en distribuant ses ressources aux diverses branches d'enseignement, en diminuant celles qui sont trop fortement subventionnées et en faisant de la répartition proportionnelle.

A cette prétention nouvelle, nos hommes d'Etat, nos législateurs, les dispensateurs des fonds publics ne manqueront d'opposer un *non possumus*, justifié par les déficits budgétaires ; les départements et les villes, par l'insuffisance de leurs ressources.

Nous dirons à l'Etat : Faites des économies sur les services accessoires, sacrifiez une catégorie de budgétivores, et vous trouverez les quelques millions nécessaires à ces institutions de première nécessité.

Aux Départements et aux Villes, nous dirons aussi : Utilisez d'une manière plus profitable les établissements ou édifices publics, destinez-les à des institutions nouvelles ; ne gaspillez pas vos ressources à exhumer les souvenirs du passé pour la seule satisfaction de conserver un emplacement historique ; réparez, mais ne réédifiez pas des monuments style moyen-âge pour des besoins modernes, des musées sans lumière pour recevoir les tableaux de l'*école du plein air ;* faites des dépenses productives pour l'avenir ; endettez-vous pour celles qui apportent en elles les ressources d'amortissement, et écartez celles qui ne nécessitent, au contraire, que des dépenses nouvelles.

L'instruction publique, sous toutes ses formes, doit primer toutes les institutions et tous les services. L'Etat et les Villes ont beaucoup fait pour les Arts et Métiers et les Ecoles industrielles, pour l'instruction en général ; ils ont oublié celle qui doit le plus participer au développement économique de notre pays.

On reconnaît que le commerce et l'industrie sont les meilleures ressources de nos finances ; que celles-ci ne sont dans l'embarras que depuis que le commerce a diminué, et on lésinerait quelques millions pour recruter l'armée commerciale, les soldats de l'avenir de nos colonies !...

Cette dernière assertion nous rappelle qu'une grave objection sera faite au but que nous poursuivons. On nous dira :

« Les avantages de l'enseignement commercial, que vous préconisez pour l'organisation de notre commerce extérieur, seront nuls ou illusoires si on ne modifie pas l'article 61 de la loi militaire du 27 juillet 1872. Nos jeunes gens ne pouvant quitter la France, nous resterons forcément tributaires des agents étrangers, même avec les écoles de commerce. »

Nous reconnaissons que l'objection est sérieuse, mais que la difficulté n'est pas inéluctable. — N'oublions pas que nous avons en préparation un nouveau projet d'organisation militaire, projet qui va être bientôt discuté au Parlement. — Qu'un vaste pétitionnement s'organise, formulant les *desiderata* du commerce et de l'industrie, afin que, par un amendement nouveau, nos législateurs concilient les besoins du commerce avec les exigences de notre organisation militaire, qui empêche, actuellement, le recrutement de notre personnel d'exportation.

Avant de recommencer l'exposé des motifs de cet amendement, nous voulons encore recommander au monde des affaires une propagande active pour ces nouvelles écoles.

Nous avons parlé au nom du commerce et de l'industrie ; mais d'autres intérêts imposent à la

France de s'occuper, sans retard, de ces institutions.

Depuis vingt ans, c'est surtout des écoles de commerce étrangères que sort cette partie de la jeunesse qui va dans le monde entier étendre l'influence de son pays et le prestige de sa nation. .

Combattons l'indifférence de nos hommes d'Etat, les préjugés de leur éducation universitaire; demandons-leur de créer sans retard cet enseignement, non pas seulement sur quelques points du territoire, mais dans chaque chef-lieu de département, leur recommandant, comme type d'école de chef-lieu, l'*Ecole professionnelle de Reims*, qui réunit tous les caractères d'intérêt public, et à laquelle il faudrait seulement adjoindre un Musée commercial, qui serait pour cet enseignement un champ d'expérience, équivalant à nos laboratoires et collections pour l'étude des sciences physiques. A l'aide de ces collections industrielles et commerciales, l'enseignement prendrait un cachet pratique, le Musée commercial, sa place dans toutes nos écoles professionnelles, non plus pour renseigner commercialement, mais pour enseigner pratiquement.

Demandons à nos Chambres de commerce et Syndicats industriels de préparer à cet enseignement les dispositions morales des négociants de leur circonscription, et de lui imprimer l'impulsion et la publicité qu'il comporte.

Réveillons nos Assemblées délibérantes, qui marchandent les crédits les plus modestes à des services utiles qui doivent augmenter le capital de la fortune publique, pour prodiguer des sommes énormes aux plus folles entreprises.

Insistons auprès de M. Lockroy, le ministre du commerce qui paraît avoir l'intuition des besoins actuels, pour faire étudier ce projet de création du *baccalauréat de l'enseignement commercial*, et assimiler les diplômes de cet enseignement aux diplômes universitaires. Demandons la sanction officielle pour cet enseignement, sanction qui lui donnera la consistance et ce prestige qui détruiront les préjugés ou l'indifférence d'un grand nombre.

Dirigeons les vocations vers les hautes études commerciales ; nous y trouverons l'utilisation de ces nombreux jeunes gens dont l'avenir semble brisé par l'échec à un examen, et qu'on qualifie injustement de *fruits secs*.

Après un échec au baccalauréat, que devient cette jeunesse intéressante, intelligente, pleine d'ardeur et d'enthousiasme, à l'âge où l'on a encore éminemment l'esprit d'aventure ?...

Une certaine partie reprend avec découragement et sans goût cette profession pour laquelle elle était socialement destinée ; mais beaucoup de ces *ratés* des écoles spéciales ou administratives deviennent les bohêmes de nos grandes villes, des parasites de camarades fortunés, des déclassés impuissants et irrités contre la société qui les méconnaît. Ce sont des forces perdues, qui souvent utilisent leur bagage de connaissances à jeter la perturbation dans certains milieux.

Amenons cette catégorie d'échoués au port des écoles de commerce, dans lesquelles, préparés pratiquement par un enseignement spécial de deux années, ces sujets deviendront indispensables au commerce et à l'industrie, et, sûrement, obtiendront dans cette voie, avant l'âge ordinaire, des situations qu'on n'obtient que bien tard dans beaucoup de carrières libérales.

Que ceux qui se lamentent sur la surabondance des sujets, sur l'encombrement des carrières, se pénètrent de l'avenir réservé aux *diplômés des écoles de commerce*, des positions lucratives qui les attendent : *directions de comptoirs à l'étranger, gérances d'entrepôts commerciaux, représentations fruc-*

tueuses, fonctions consulaires, tous postes fortement rétribués.

Nous adressons notre appel, non seulement à ces victimes du hasard d'un examen, mais surtout à la jeunesse française de cette classe moyenne, attirée vers les carrières libérales par cette considération qu'un préjugé y attache, et nous lui disons : — Par votre engouement des carrières administratives, etc., vous avez détruit l'équilibre entre les besoins et les emplois; rétablissez-le en ne désertant plus les carrières industrielles et commerciales, pour lesquelles vous avez les ressources et les aptitudes.

Que les pères de famille, qui veulent utilement occuper leurs enfants et en faire des travailleurs, ne se laissent pas aussi facilement suborner par des manifestations de vocation, qui ne sont souvent qu'un prétexte de séjour dans les grandes villes !...

Que notre bourgeoisie française, autrefois si libérale, réagisse contre cette tendance d'envoyer ses enfants dans des établissements dont le fond de l'enseignement est plus réactionnaire et plus aristocratique qu'avant la Révolution !... Qu'elle revienne à son vrai rôle de classe éclairée, affranchie de préjugés, dirigeant, par l'exemple, vers les institutions et les choses du progrès !... Qu'elle destine quelques-uns de ses enfants à ce haut commerce et à cette haute industrie dont elle occupera le premier rang !... Qu'elle les envoie aux écoles de commerce ; elle dotera le pays d'une génération de négociants instruits, d'administrateurs et d'économistes qui seront les législateurs compétents de l'avenir.

Beaucoup d'opinions respectables s'élèveront contre ce nouvel enseignement et feront des objections nombreuses contre ces nouvelles écoles ; c'est un peu l'accueil fait à tout progrès nécessaire... Ce n'est pas une raison pour n'en pas parler. — Quand il y a des obstacles, il faut les aborder résolument pour décider l'œuvre d'abord, et puis, y appliquer les éléments et les ressources dont on dispose.

C'est une campagne à commencer, pour laquelle nous voudrions avoir les alliés de la Presse. Avec leur concours, nous espèrerions vaincre la tiédeur des uns et l'hostilité des autres.

De la propagande qu'en fait la Presse dépend souvent l'avenir d'une institution ou d'une réforme. Nous désirons qu'elle apprécie celle-ci et lui fasse bon accueil !

Le Service Militaire réduit

PAR LE SERVICE COMMERCIAL A L'ÉTRANGER

Trois systèmes de colonisation sont pratiqués .

Système anglais : colonies avec colons ;
Système allemand : colons sans colonies ;
Système français : colonies sans colons.

Depuis peu d'années la France a fait, en Tunisie, une expérience qui devrait être un enseignement.

M. Cambon et M. Roustan ont obtenu, en six années, comme administration, finances et pacification, avec quelques fonctionnaires civils, ce que n'ont point fait nos gouverneurs militaires en Algérie, après un demi-siècle d'occupation, de guerre incessante et de milliards dépensés.

Les résultats inattendus de notre protectorat ont démontré que si la conquête d'une colonie exige, *exceptionnellement*, l'emploi de la force militaire, l'administration civile est le régime par excellence de la pacification et de la prompte assimilation des populations indigènes.

D'autres succès, passés inaperçus par leur moindre importance : l'annexion sans guerre et presque sans dépenses de l'île Saint-Barthélemy (aux Antilles), la conquête pacifique de Nossi-Bé, de Mayotte et de Taïti, confirment l'excellence de l'influence commerciale pour l'accroissement de notre territoire colonial.

Après ces quelques événements heureux dans l'histoire de nos colonies, nous ne pouvons nous dispenser de faire brièvement une comparaison.

Depuis les guerres de l'Empire où presque tout avait sombré, nous avons fait d'autres conquêtes coloniales. — Examinons les procédés et les résultats obtenus par le régime militaire.

En Algérie, après cinquante années d'efforts continus de toute espèce, de milliers de soldats sacrifiés, nous possédons *180,000 Français submergés par 250,000 Espagnols et Italiens et trois millions d'indigènes ;* de plus, des ressources budgétaires qui ne s'équilibrent pas encore avec les dépenses... Nous ne comptons pas dans ces dépenses, les frais de l'armée d'occupation, qui s'élèvent à *cent millions chaque année,* c'est-à-dire *cinq milliards environ* depuis notre entrée à Alger.

Peut-on justifier cette conquête par des avantages coloniaux équivalents ? — Encore aujourd'hui notre domination, nos sacrifices profitent autant et plus aux étrangers qu'à nous. En dehors de quelques opérations financières, il n'y a peut-être pas *mille familles françaises* qui aient acquis cette fortune ou ce bien-être qu'on obtient en France avec un peu d'intelligence et d'activité.

Le grand commerce qui existait entre le Soudan et l'Algérie par le Sahara, a complètement dévié depuis notre occupation militaire, pour se diriger sur Tripoli au profit des comptoirs anglais.

Au Sénégal, encore une hécatombe de vies humaines, des millions dépensés pour des résultats encore moindres.

Si nous faisons le bilan de la Cochinchine conquise, depuis trente années, à grand renfort d'hommes et d'argent, la comparaison est encore plus attristante, puisque, sur une population de dix mille Européens, on compte à peine *trois mille Français*, dont quinze cents fonctionnaires ou soldats. Nous avons quatre maisons de commerce françaises ; les autres sont anglaises, allemandes ou chinoises. Sur soixante millions de produits qu'on y importe, nous y figurons seulement pour *sept millions*.

Nous ne parlons pas des produits à exporter de cette contrée..... La ressource la plus importante pourrait rigoureusement faire le bonheur d'un collectionneur européen ; voilà tout. — Les produits industriels et commerciaux utilisables manquent complètement.

Que dire de la Guyane, ce grand marais de 500 kilomètres ; de la Nouvelle-Calédonie, de l'Annam et du Cambodge ? Rien de mieux, sinon que, sans rien apprendre de l'expérience, nous recherchons les colonies qui rapportent le moins et qui coûtent le plus.

Devons-nous parler du Tonkin de funeste mémoire ? Après les 500 millions dépensés, les soldats et le matériel naval perdus pour aboutir au traité de *Tien-Tsin*, qui nous dira ce que coûtera encore la pacification et l'organisation de cette coûteuse fantaisie politique ?

Voilà les résultats de la prépondérance du régime militaire !...

En pouvait-il être différemment avec le faux principe de notre politique coloniale ?

Quand un de nos hommes d'Etat avait, pour illustrer son règne ou son ministère, conçu le projet d'une conquête sur un point géographique qu'il ne connaissait pas, il préparait à grand frais une expédition de cuirassés et de soldats, afin d'établir la domination par la dévastation, et ne se faire connaître, aux populations qu'on voulait conquérir, que par le mal qu'on leur faisait... Jolie bienvenue!... Aussi, qu'advenait-il?... Chaque pays ayant ses patriotes, après l'écrasement, ces vaincus, sous le nom de bédouins, kroumirs ou pirates, faisaient, comme nos francs-tireurs, une guerre à leur façon, incessante, harcelant et décimant nos soldats, et ruinant nos finances en arrêtant la pacification et la colonisation commerciale.

Telle est, depuis un demi-siècle, l'histoire de nos conquêtes, histoire qui a fait dire ailleurs :

« Comme colonisation, les Français n'ont jamais fait que du don quichotisme. »

En effet, qu'est-ce qu'une colonie improductive qui n'impose que des charges sans compensation?

Simple affaire d'amour-propre, voilà tout...

Et la gloire, et la civilisation, nous dira-t-on ?...

Ceux qui l'envisagent à ce point de vue élevé font du chauvinisme et de la philanthropie en excès. — Si le plus chauvin des Français connaissait le prix de revient de cette gloire, il n'en voudrait plus jamais, par cette même philanthropie qu'il invoque.

Après de si déplorables résultats, pourquoi ne pas revenir à la politique coloniale de l'ancien régime, politique qui avait doté la France des plus belles colonies de l'univers ; principes adoptés par l'Angleterre et la Hollande, et, depuis peu, par la Belgique ; principes n'engageant ni les finances, ni la responsabilité de l'Etat.

Ces principes, inspirés par Richelieu et inaugurés sous Louis XIII, étaient des plus simples, des plus rationnels et des plus pratiques :

Faire entreprendre les conquêtes coloniales par ceux qui en devaient plus spécialement profiter, et, pour cela, amener les capitalistes et la marine marchande à créer des compagnies de colonisation, moyennant certains privilèges et immunités accordés aux participants, aux membres actifs de ces entreprises ou aux actionnaires de ces compagnies.

Ces entreprises, représentant un genre de spéculation, obtinrent la faveur du public et créèrent, par la diffusion des actions, une solidarité d'intérêts avec la France entière...

Au début, pour attirer les capitaux et provoquer les dévouements à ces œuvres patriotiques, les moyens d'émulation furent des mieux choisis pour cette époque.

Les chartes royales octroyaient à ces compagnies coloniales la propriété des contrées spécifiées sur la charte, des privilèges d'exploitation commerciale et monopoles divers : droits d'importer en franchise dans la métropole tout ce qu'elles tiraient des colonies, et, réciproquement, la faculté d'exporter de France, pour les contrées dont elles avaient la concession, tout ce qu'elles avaient besoin d'en faire sortir. Souvent, ces chartes donnaient à ces Compagnies une souveraineté temporaire, donnant droit de haute et basse justice, de lever des troupes, construire des places fortes et prendre tous moyens de défense, etc.

Nous disons : souveraineté temporaire, ces colonies devant rentrer dans le domaine de la couronne, après 99 ans de concession.

La noblesse, le clergé et les grands fonctionnaires étaient incités, par de grandes faveurs, à entrer dans ces entreprises. — Des lettres de noblesse étaient accordées aux bourgeois ou roturiers qui souscrivaient à un certain nombre d'actions, etc...

C'est par ces procédés habiles, sans qu'il en coûtât rien au Trésor, par des avantages que nous pourrions appeler platoniques, que Louis XIII et ses successeurs firent occuper les plus belles contrées coloniales par les Compagnies la *Nouvelle France,* la *Compagnie des Iles d'Amérique* et la *Compagnie des Indes.* Ces colonies se suffisaient à elles-mêmes, se défendaient elles-mêmes, ou tout au moins, en cas de guerre, supportaient les frais de garnison et d'occupation armée; et cela, encore, avec l'obligation de faire participer l'Etat, pour le dixième, aux produits des mines de toutes sortes que possédait la colonie.

Connaissons-nous aujourd'hui des moyens aussi habiles de faire de la politique coloniale ?

Comme nous sommes loin de cette époque où les capitalistes travaillaient pour l'Etat! — Aujourd'hui, oubliant l'histoire, ou plutôt le pouvoir et la direction ayant changé de mains, c'est l'Etat qui travaille pour les capitalistes. Aussi, que voyons-nous depuis 1830, depuis que certains financiers gouvernent le Gouvernement? — Des entreprises coloniales aux frais de tous, avec les escadres et les soldats de la France, profitant exclusivement à quelques Sociétés anonymes qui les ont quelquefois suscitées, pour en avoir les bénéfices par l'exploitation de mines et de chemins de fer, création d'établissements de crédit, etc., etc.

Si nous oublions les enseignements du passé, si depuis longtemps nous faisons de la politique coloniale à rebours, nos rivaux, qui connaissent notre histoire coloniale, s'inspirent, au contraire, des principes de nos ancêtres. Voici comment M. de Bismarck s'exprimait au Reichstag, dans la séance du 26 juin 1884 :

. . . .

« Notre intention n'est pas de fonder des provinces au moyen d'une action militaire, mais de protéger, dans leur libre développement, des entreprises commerciales, ainsi que celles qui, arrivées au plus haut degré de leur épanouissement, acquerraient, sous la protection de la patrie, une souveraineté commerciale relevant de l'empire germanique. Nous laissons au commerce, à l'homme privé, le choix de ces entreprises ; et quand nous voyons que l'arbre planté par ses soins prend racine, se fortifie et prospère, et qu'il vient demander la protection de l'empire, nous l'assisterons, et je ne vois pas comment nous pourrions légitimement le lui refuser. »

Dans un autre passage de son discours, le chancelier est encore plus explicite :

« Mon intention, approuvée par Sa Majesté l'Empereur, est de laisser la responsabilité du développement matériel, de même que l'établissement de la colonie, à l'activité et à l'esprit d'initiative de nos navigateurs et de nos commerçants, et de procéder, moins par l'annexion de provinces transocéaniques qu'en accordant des

5

lettres de privilège dans le genre des Royal Chartres, en nous inspirant de la carrière glorieuse du commerce anglais, inaugurée par la fondation de la Compagnie des Indes, et de nous reposer sur les intéressés en ce qui concerne le gouvernement et l'administration de la colonie en leur accordant seulement la juridiction européenne pour les Européens et la protection que nous pourrons leur prêter sans y entretenir de garnison. Du reste, nous espérons que l'arbre prospèrera ; et s'il n'en est pas ainsi, c'est que la plante n'était pas viable, et le dommage qui en résultera retombera moins sur l'empire, car les sacrifices de l'Etat sont insignifiants, que sur ceux qui auront mal choisi leurs entreprises. »

. . . .

Bien loin d'être l'admirateur de cet homme d'Etat, néanmoins nous devons reconnaître la profonde sagesse de ce système de colonisation, qui n'est, à vrai dire, que celui de notre grand Richelieu...

Pourquoi ne faisons-nous pas l'application de principes qui avaient fait notre puissance coloniale, principes qui sont, plus qu'alors, en harmonie avec la civilisation universelle?

Nous avons pourtant aujourd'hui des capitalistes entreprenants et une marine autrement puissante.

L'esprit d'initiative et d'entreprise, développé comme il l'est aujourd'hui, aurait tenté des essais s'ils y avaient été encouragés par une législation favorable et des avantages équivalents à ceux d'autrefois, et surtout si nous avions une loi militaire permettant d'utiliser à la colonisation ces sujets jeunes et vigoureux, retenus aujourd'hui par le service obligatoire. — Voilà l'obstacle matériel qui empêche, non seulement ce genre d'entreprise, mais surtout entrave notre commerce extérieur.

Voici, à cet égard, l'opinion de M. Emile Berr:

« A la veille des graves discussions dont la réforme de notre organisation militaire va être l'objet, il n'est pas sans intérêt de rappeler que si, depuis quinze ans, l'expansion de notre jeunesse *commerçante* au dehors est restée si hésitante et si difficile, c'est, en partie, aux conditions mêmes de cette organisation qu'on le doit, on l'a dit et répété partout: dans les Chambres de commerce, dans les groupes syndicaux, au dernier congrès d'enseignement technique. Il y a quelques jours encore, la Chambre d'exportation publiait, sur cette question, une étude fort instructive, et dont la conclusion, comme celle de tous les rapports antérieurs, est que l'obligation du service militaire, dans les conditions où la loi de 1872 l'impose à notre jeunesse, est un obstacle décisif au développement de l'émigration nationale; — je veux parler de l'émigration utile, de celle qui personnifie, sauvegarde et développe la richesse française à l'étranger.

» Quelle est, en effet, au moment du tirage au sort, la situation d'un jeune commerçant qui désire se fixer à l'étranger?

» Il doit d'abord satisfaire à la loi.

» S'il est pauvre et si le sort ne l'a pas favorisé, il lui faut attendre, pour réaliser ses projets, que la cinquième année de son service soit écoulée. Vingt-cinq ans! C'est un peu tard pour apprendre une langue étrangère, se plier aux difficultés d'une vie nouvelle et commencer un apprentissage commercial...

» Mais, supposez qu'exilé à quinze ou seize ans du foyer paternel, il ait pu se créer en Chine, aux Indes ou aux Etats-Unis une position ; il est obligé de tout abandonner pour satisfaire aux exigences de la loi ; il endosse l'uniforme, et, quand le temps du service est fini, on lui apprend qu'un Hollandais, un Allemand, un Suisse ou un Anglais a pris sa place.

» Je me souviens d'une lettre adressée, il y a quelques mois, à l'*Economiste Français* par un grand négociant de Lyon, auquel on reprochait de n'admettre, à la gestion de ses comptoirs d'Amérique et d'Orient, que des commis étrangers. « Que voulez-vous que j'y fasse ? objectait notre compatriote. Le service militaire me reprend tous les Français au fur et à mesure que je les forme... J'ai pris le parti le plus simple : je n'en forme plus. »

» Ainsi, l'obligation militaire, qui ne devrait être qu'un honneur, est, dans certains cas, une tare... Quand un Français de vingt ans cherche une place à Boston, au Caire ou à Shang-Hai, et dit : « Je serai soldat l'année prochaine », on l'accueille avec la même grimace que s'il disait : « Je suis épileptique ou galeux ».

» La situation du jeune Français, né et résidant à l'étranger, est plus pénible encore. Les examens du volontariat, la révision, le tirage au sort, l'intervalle de temps assez long qui sépare l'accomplissement de ces formalités du service proprement dit, peuvent l'obliger à plusieurs voyages difficiles, à de longs et coûteux séjours en un pays où il est devenu lui-même un étranger... Cette perspective retient en France bien des pères de famille qui seraient d'utiles émigrants. Il est vrai qu'ils peuvent parer aux exigences de la loi par un très simple stratagème.

« Le vice-président de la Chambre d'exportation, M. Pector, cite le cas d'une famille française établie à Lima et composée de neuf garçons, « dont le chef, bon et ardent patriote, va se trouver dans l'obligation de faire de ses fils des Péruviens ou des réfractaires, dès qu'ils auront atteint leur majorité ». M. Pector ajoute que, pour la même raison, on peut considérer « comme perdus pour la France » les 70,000 émigrants français de la Plata et leur postérité.

» L'Allemagne a compris avant nous les dangers et l'inconséquence de cette situation.

» Elle ne se contente pas d'accorder, comme nous, des sursis ou des dispenses d'appel aux réservistes et aux territoriaux en résidence à l'étranger ; elle autorise à émigrer, et « dégage de leur qualité de sujets de l'Empire » (ce sont les propres termes du règlement) les jeunes gens de dix-sept à vingt-cinq ans qui en font la demande. Il leur suffit de se présenter devant une commission de recrutement, qui examine la valeur de leur requête, et s'assure que l'autorisation demandée ne l'est pas « dans le seul but de se soustraire à l'obligation de servir dans l'armée active et dans la flotte ».

» Une fois muni de son certificat, le jeune allemand boucle sa malle, et il va dire aux négociants d'Hanoï, d'Alexandrie, de Chicago ou d'ailleurs : « Prenez-moi, instruisez-moi, je suis libre... » Et il s'installe paisiblement au comptoir que le Français, rappelé par la loi militaire, vient de quitter.

» Il me semble qu'en cette circonstance les Allemands, qui n'ont pas moins de souci que nous de la puissance de leur armée, agissent en patriotes et en politiques avisés. Nous devrions imiter leur exemple, comprendre comme eux que l'émigration est une sorte de service national, et que l'expatrié est, à sa façon, un missionnaire et un soldat. »

Nous inspirant de cette citation, nous nous sommes demandé : — Peut-on écarter cet obstacle, ou du moins atténuer cet inconvénient sans préjudice pour notre organisation militaire, et sans porter atteinte aux éléments primordiaux de notre mobilisation ?... — Nous en sommes convaincus.....

Le projet de loi sur le recrutement militaire, qui va être incessamment discuté, comprend :

« ART. 1ᵉʳ. — *L'organisation d'une armée coloniale par un recrutement spécial pour des besoins spéciaux.* »

La discussion de cette loi, et l'esprit de cet article : *recrutement spécial pour des besoins spéciaux*, sont, pour Messieurs nos Députés, une occasion opportune de proposer, par voie d'amendement, des dispositions nouvelles plus libérales, devant favoriser, non seulement l'expatriation de la jeunesse française dans nos colonies, mais encore devant procurer à notre commerce extérieur ces éléments indispensables pour son extension.

L'heure est bien choisie pour mettre en évidence les résultats heureux obtenus par l'élément civil dans la conquête et l'administration de nos dernières entreprises coloniales.

Après avoir fait reconnaître l'efficacité de ces nouveaux principes, nos députés devraient faire admettre combien il devient urgent de favoriser l'expansion de cet élément de colonisation.

Sans demander un privilège, sans vouloir déroger au principe du service obligatoire pour tous, nos législateurs devraient proposer l'organisation d'une armée coloniale composée des deux éléments : militaire et civil ; le premier, pour la défense ou la protection des colonies ; le second, pour l'administration et l'extension commerciale.

En faisant valoir la nécessité de développer les affaires d'exportation, cela, par les considérations d'intérêt public, de prospérité nationale, considérations que nous avons déjà développées, ils devraient, pendant la discussion de ce projet d'armée coloniale, proposer à l'Assemblée un amendement ainsi conçu :

ARTICLE PREMIER.

L'armée coloniale se composera de deux éléments : l'élément militaire et l'élément civil.

ARTICLE 2.

Le recrutement de l'élément militaire s'effectuera(1)

. . . .

.

_____

(1) *Notre incompétence à cet égard nous oblige à nous en rapporter au projet élaboré par la Commission et le Ministre de la guerre.*

ARTICLE 3.

Le recrutement de l'élément civil se formera *des élèves diplômés des Ecoles supérieures de commerce* qui en auront fait la demande.

ARTICLE 4.

Après une année d'instruction militaire en France, ce deuxième contingent de l'armée coloniale se subdivisera en deux portions, par voie de tirage au sort :

1° La première portion sera affectée au service des douanes, des ports et tous autres services administratifs ou commerciaux de la colonie, ayant un caractère public ;

2° La deuxième portion sera chargée *d'un service commercial à l'étranger...*

ARTICLE 5.

Le service commercial à l'étranger comprendra :

1° L'obligation d'établir sa résidence dans la ville ou la contrée fixée par le sort ;

2° Celle de ne pouvoir quitter cette résidence sans une autorisation régulière ;

3° Le soldat ou *agent commercial* sera tenu

d'adresser mensuellement un rapport, d'une importance déterminée, sur les choses pouvant intéresser le commerce et l'industrie française ; il devra répondre aux questions qui lui seraient adressées de France par le Ministère ou les Chambres de commerce.

Les manquements ou infractions quelconques aux obligations ci-dessus feraient condamner *l'agent commercial* à un rappel en France pour continuer le service militaire dans les conditions ordinaires.

La désignation des postes à occuper par cette portion se fera, après tirage au sort, au choix des appelés, par ordre de numéro.

ARTICLE 6.

MM. les Consuls de France auront le mandat de constater ces infractions. — Dans l'étendue de leurs consulats, ils seront, à l'égard de ces *agents commerciaux*, les représentants de l'Etat.

ARTICLE 7.

L'agent commercial devra pourvoir à ses besoins et moyens d'existence, l'Etat lui laissant, pour cela, une liberté relative et la faculté de s'occuper d'opérations commerciales pour son compte ou celui de maisons françaises. Il aura seulement, pour aller et retourner à son poste, le passage gratuit sur les transports de l'Etat ou les services maritimes subventionnés.

ART. 8.

La proportion du contingent civil sera du cinquième de l'effectif total de l'armée coloniale. L'effectif devant être de vingt-cinq mille hommes environ, le contingent civil sera de 5,000 hommes, dont :

2,500 employés aux services administratifs des colonies;

2,500 affectés au service commercial à l'étranger.

ART. 9.

La deuxième portion du contingent civil, c'est-à-dire le *service commercial*, sera rattaché au Ministère du Commerce ou celui des Affaires étrangères.

ART. 10.

La durée du service total pour le deuxième contingent sera la même que pour le contingent militaire colonial.

Telles seraient, à peu près, dans leur ensemble, les lignes générales de l'organisation de la nouvelle armée coloniale. Nous laissons aux compétences spéciales le soin d'en préciser les détails et les moyens d'exécution.

Dans l'économie de ce projet nous reconnaissons un grand nombre d'avantages matériels et moraux :

1° Au point de vue de la dépense, notre projet réalise une économie :

« *La première partie du* contingent civil *remplaçant, dans les services publics des colonies, les fonctionnaires actuels qui coûtent aujourd'hui près de deux millions, il n'y a pas exagération à compter un million d'économie par cette substitution;*

» *La deuxième portion du* Service commercial à l'Etranger *ne coûtant rien à l'Etat, produirait encore un minimum d'économie de deux millions; soit, ensemble, trois millions, dont le budget colonial serait soulagé.* »

2° Au point de vue de la défense, la force militaire ne serait nullement diminuée ; l'élément civil, instruit par une année de service obligatoire, pourrait rigoureusement être incorporé et armé pour le service intérieur des villes et la défense de places, laissant ainsi complètement disponible pour le champ de bataille la totalité de l'armée active.

Par ces deux considérations, les avantages matériels nous paraissent démontrés.

Examinons maintenant les avantages moraux, commerciaux et industriels qui sont d'une réelle importance.

Pour la régénération de notre commerce extérieur, combien de connaissances utiles seraient acquises par ces jeunes gens dispersés sur mille points du monde entier ? — Quelle provision de renseignements précieux n'aurions-nous pas de ces soldats commerciaux désireux de se faire connaître par leurs rapports mensuels ? — A cet égard, quelle émulation dans cette armée instruite commercialement ! — Quelle pépinière d'élite pour nos postes de Consuls dont la réorganisation s'impose, les Consuls élevés au quai d'Orsay ayant le plus profond dédain pour le *poivre* et la *canelle !* — Quelle bonne armée d'avant-garde pour préparer l'occupation militaire feraient ces hommes connaissant le pays, la langue, les mœurs, etc. ! — Par la propagande commerciale, de tels missionnaires seraient des escadrons tous préparés pour déblayer le terrain.

« *Un homme instruit, pénétrant dans le désert, fera plus qu'un bataillon.* »

Voilà la véritable armée de colonisation, procédant par persuasion, par l'argument irrésistible des intérêts commerciaux réciproques, faisant la prise de possession d'un pays, par la cordialité des rapports avec les indigènes !...

Si nos hommes d'Etat sont soucieux de l'équilibre budgétaire, les résultats ruineux de l'Algérie, du Sénégal, du Tonkin et autres, doivent leur faire abandonner les procédés coërcitifs du régime militaire.

Au point de vue humanitaire et philanthropique, nous devons aussi réprouver le système des colonies d'exploitation, où la race conquérante domine, exproprie, etc.; en un mot, exploite le vaincu comme race inférieure.

Comme race supérieure, nous devons condamner ces deux systèmes. — Pour justifier cette supériorité de race, nous ne devons nous introduire chez un peuple que par voie d'infiltration lente, par l'appât d'un échange de produits et l'attraction des progrès modernes. — Nous ne devons développer notre influence que par nos forces morales, par la fondation d'établissements industriels et commerciaux, et la fondation d'écoles françaises*, afin de gagner l'esprit de ces peuples par les avantages de la civilisation que nous leur apportons. En leur faisant apprécier l'excellence de l'administration européenne, nous les disposerons à nous confier celle de leur pays.

Aujourd'hui. les sauvages et les barbares n'existant nulle part, il faut administrer et non exploiter. La force ne doit être employée que pour venger une trahison.

Nos dispositions prolifiques nous interdisant les colonies de peuplement, les exigences de la défense territoriale nous défendant la dissémination de nos forces militaires pour l'occupation de trop grandes possessions coloniales, nous ne devons viser qu'à établir des points de ravitaillement pour nos forces navales, et des établissements commerciaux pour l'exportation de nos produits industriels. Si nous sommes tenus, par amour-propre, à conserver les conquêtes militaires, n'en faisons pas d'autres.

C'est ainsi que nous comprenons la colonisation civilisatrice : système du *protectorat par les moyens de persuasion,* système infiniment préférable à celui de *l'annexion* que nous avons pratiqué jusqu'à ce jour.

Pour faire l'application de ce régime et obtenir ces résultats, il nous faut organiser *l'armée coloniale* avec l'auxiliaire des *services civils et commerciaux* formé d'éléments instruits pour les relations extérieures, éléments que nous donneront les *Ecoles supérieures de commerce.*

Si notre projet est taxé d'utopique, d'inconciliable avec l'organisation militaire actuelle; s'il fait sourire nos habiles politiques, nous leur répondrons, comme Galilée à ses juges, après la condamnation de son système :

« *E pur si muove.* » [1]

Aux indifférents qui dédaigneront notre projet par esprit de routine, nous leur dirons : Si vous avez peur d'innover, faites au moins, pour favoriser le commerce extérieur, ce que font l'Autriche et l'Allemagne : apportez quelques tempéraments à la loi militaire actuelle...

La législation militaire prussienne, en général si rigide, accorde à ses étudiants et à la catégorie des diplômés de l'enseignement commercial, non seulement la faveur du volontariat d'un an, mais encore

---

[1] Et pourtant elle tourne.

leur fournit des facilités spéciales pour remplir leurs obligations envers l'Etat.— Elle leur laisse, entre 17 et 23 ans, le droit de choisir l'année qui leur paraît la moins incommode. Dans les villes d'Universités sont placés, en garnison, des régiments qui ont l'autorisation de dépasser la limite *maximâ* de volontaires indiqués dans les règlements.

Ne craignons pas plus que nos voisins de compromettre notre organisation militaire par des faveurs anodines accordées aux services essentiels de l'industrie et du commerce, desquels dépendent l'existence, la raison d'être de presque tous les autres.

En entrant dans la voie de cette nouvelle politique coloniale, nous éviterons ces expéditions meurtrières au grand avantage de notre commerce, qu'elles ont toujours empêché, et nous réaliserons des économies qui permettront de subventionner largement les nouvelles Ecoles de commerce.

LES
ÉCOLES DE COMMERCE
EN EUROPE

Ecole supérieure de Commerce de Paris.

L'*Ecole supérieure de Commerce* de Paris a été fondée en 1820 par deux négociants, MM. Brodard et Legret.

Les débuts de cette entreprise furent une alternative de haut et bas, résultant des préventions et des préjugés d'une société réfractaire à cet enseignement.

Quoique manquant d'encouragements chez nous, le grand nombre d'élèves étrangers arrivant de tous les points du globe, laissa croire un moment au succès de cette école; mais bientôt, les charges pécuniaires excédant le capital de l'entreprise, la situation devint chaque jour plus difficile; elle sombra en 1830, après avoir découragé plusieurs directeurs pendant dix années d'une pénible existence.

Cette institution fut reprise par un économiste distingué, M. Adolphe Blanqui. Dans un immeuble plus modeste, avec une installation moins coûteuse, il continua l'œuvre de MM. Brodart et Legret. Avec une activité infatigable, une fécondité de ressources rares, elle acquit une réputation universelle sous le nom d'*Ecole Blanqui.*

La renommée, les services rendus ne sauvèrent pas encore cet enseignement : les frais d'exploitation épuisèrent les ressources de M. Blanqui, l'indifférence du Gouvernement découragea ses efforts.

Tout ce qu'avait fait Blanqui pour son école fut acquis, en 1855, par M. Gervais, de Caen. Ce nouveau directeur, avec des ressources financières que n'avaient pas eues ses prédécesseurs, rétablit la prospérité de l'école et le premier nom de l'*Ecole supérieure de commerce.* Sa mort, en 1867, arrêta l'extension et les progrès de cet établissement. Deux années plus tard, malgré sa notoriété et son passé brillant, l'école ne comptait plus que quelques élèves.

Ne voulant pas laisser périr une institution si utile, la Chambre de commerce de Paris en fit l'acquisition en 1869, et en confia la direction à M. Schwaeblé, professeur distingué à l'Ecole polytechnique. Le choix fut heureux et l'institution se releva promptement.

Aujourd'hui, l'*Ecole supérieure de commerce* sert de modèle à ses similaires de France et de l'Etranger.

Les élèves internes et demi-pensionnaires sont au nombre de 120.

Le prix de l'internat est fixé à 2,000 fr. par an, avec supplément de 100 fr. par trimestre si l'élève veut une chambre particulière. Les leçons d'escrime, d'équitation, de gymnastique, etc., obligatoires pour les internes, se paient 100 fr. par an.

Les demi-pensionnaires, déjeunant à l'école, paient 1,000 fr. par an, avec bénéfice des leçons d'art, d'agrément, moyennant l'abonnement annuel de 100 fr.

Les élèves ne sont admis à l'*Ecole supérieure de commerce* qu'à quinze ans au moins, et vingt ans au plus.

Les cours sont de trois années, représentés par trois comptoirs... Les bacheliers ès-sciences et ceux de l'enseignement secondaire spécial sont admis au deuxième comptoir ; leur stage à l'Ecole n'est que de deux années.

La situation financière de l'Ecole est excellente. Depuis qu'elle est administrée par la Chambre de commerce, elle a amorti un capital de 220,000 fr. d'achat et de constructions nouvelles.

Ecole des hautes Etudes commerciales

DE PARIS

Nous lisons dans l'*Officiel*, n° 93, du 4 avril :

« L'Ecole des hautes études commerciales est destinée à couronner, par un enseignement élevé, les études faites dans les collèges et les lycées, et leur donner les connaissances nécessaires pour arriver promptement à la direction des affaires de banque, du commerce et de l'industrie.

» Elle forme aussi des agents consulaires capables de représenter dignement la France dans les relations du commerce international. Un décret du Président de la République, daté du 24 juin 1886, décide que les élèves diplômés de l'Ecole peuvent être admis dans les consulats en qualité d'élèves chanceliers. »

Comme complément aux *Ecoles supérieures de commerce*, la Chambre de commerce de Paris a créé l'*Ecole des hautes études commerciales*, qui a pour but de fonder une sorte de *Faculté des sciences commerciales*.

L'*Ecole des hautes études commerciales*, ouverte le 3 novembre 1881 avec 50 élèves, en reçoit aujourd'hui 120, dont 70 bacheliers.

Le programme d'enseignement est à peu près le même que celui de l'Ecole supérieure de Paris ; il diffère, par une étude plus développée de la législation budgétaire, douanière et fiscale, législation commerciale et comptabilité comparée avec les méthodes anglaises et allemandes, etc.; organisation judiciaire et élément de procédure civile, droit maritime, économie politique et commerciale; enfin, un plus grand nombre d'heures à l'étude des langues étrangères.

Les professeurs sont presque tous d'anciens élèves de l'Ecole polytechnique, professeurs de l'Ecole Monge, docteur ès-sciences, professeurs agrégés de la Faculté de droit, conseillers d'Etat, maîtres de requêtes au Conseil d'Etat, etc., etc.

Ce luxe de professeurs et ce vaste programme d'enseignement se paient :

Internat.	2.800 francs.
Externat avec déjeuner.	1.300 —
Frais accessoires.	120 —

Des bourses nombreuses sont accordées aux jeunes gens peu fortunés après concours. Les boursiers doivent être Français et âgés de seize ans à l'époque du concours.

Ecole commerciale de l'avenue Trudaine.

—

En présence de l'insuffisance de l'enseignement commercial de l'école Turgot et du collège Chaptal, la Chambre de commerce de Paris, sans vouloir atteindre le programme de l'*Ecole supérieure Blanqui*, fonda, en 1863, une école mixte pour recevoir des élèves externes de 12 à 16 ans, auxquels on donnerait ces connaissances commerciales élémentaires, leur permettant d'aborder avec succès les divers emplois des maisons de banque et d'administrations.

Le prix modique de la rétribution scolaire, 220 francs, y compris les fournitures et les livres; l'opportunité de cet enseignement spécial au milieu d'une population nombreuse composée de petits industriels et de petits négociants, firent la popularité d'une école qui reçoit aujourd'hui près de 500 élèves.

Nous devons ajouter, à la valeur de l'école Trudaine, les services rendus par les cours gratuits de comptabilité pour les femmes.

Ces cours ont lieu trois fois par semaine, le soir, de 8 à 10 heures.

Le Ministre du commerce a voulu affirmer l'intérêt qu'il portait à ces cours en accordant une allocation à cette création.

La Chambre de commerce a couronné son œuvre par l'organisation, pour les hommes, de cours également gratuits : de droit commercial, comptabilité, langues étrangères, donnés, le soir, trois fois par semaine, de 8 à 10 heures, cours fréquentés aujourd'hui par plus de mille élèves.

Au point de vue de l'installation, des programmes et des résultats, l'école de l'avenue Trudaine est un établissement modèle.

Voici, sur cette école, l'appréciation de M. Dietz Monnin, sénateur, président de la Chambre de commerce :

« Modeste en ses allures, mais excellente par ses méthodes et le caractère pratique de son enseignement, notre école a eu la bonne fortune de peupler le commerce et l'industrie de sujets d'élite ; elle est considérée, à juste titre, dans Paris, comme la meilleure pépinière pour le recrutement d'un personnel laborieux, intelligent et solide ».

. . . .

Institut commercial de Paris.

L'Institut commercial de Paris, créé par un Comité d'initiative, présidé par M. Mauney, sans introduire rien de nouveau dans le programme général des études commerciales, se distingue par un enseignement plus pratique : beaucoup d'exercices oraux et une étude très développée des langues vivantes, dans le but de former un personnel spécial pour le commerce d'exportation.

Ouvert en 1884 avec 65 élèves, il a aujourd'hui un effectif de près de 200 élèves.

L'Institut commercial ne reçoit que des externes, admis à l'âge de 13 ans, après examen.

Le prix de l'externat est fixé à 250 fr. par an. Le déjeuner est fourni aux élèves qui le désirent, moyennant 25 fr. par mois.

Fondé par l'initiative privée, constitué aujourd'hui en société anonyme au capital de 200,000 fr., divisé en 400 actions de 500 fr., l'*Institut commercial* reçoit, en outre, des subventions du Ministre du commerce, du Ministre de la marine, du Conseil municipal de Paris et du Conseil général de la Seine.

Des dons en argent et en nature augmentent chaque jour les ressources de cet établissement.

Ecole supérieure de Commerce
DE LYON

Depuis longtemps, les négociants de la région lyonnaise se voyaient obligés de demander à l'Allemagne et à la Suisse les employés dont ils avaient besoin pour le commerce extérieur; ils voulurent s'en affranchir.

La réputation de l'*Ecole supérieure de Paris*, les résultats de l'*Ecole de Mulhouse* gagnèrent la Chambre de commerce de Lyon à la cause de l'enseignement commercial. Prenant l'établissement à créer sous son patronage, aidée du zèle de M. Testenoire, négociant des plus considérés, elle réunit, par voie de souscription, près de onze cent mille francs dans quelques jours.

S'inspirant des principes que les programmes doivent varier selon les exigences locales, l'*Ecole de Lyon* comprend un enseignement élémentaire et un enseignement supérieur. Dans ce dernier, nous remarquons des études et des exercices vraiment remarquables.

Dans le *Bureau Commercial*, où l'élève passe sa première année, il est censé représenter une maison de commerce en France ou à l'étranger ; il en est le directeur et l'employé. Pour cela, l'Ecole de Lyon a créé autant d'établissements que d'élèves.

L'élève, livré à sa propre initiative, apprend à faire l'emploi de son capital, acte de société d'installation; il fait des affaires d'achat, de vente, de commission, d'exportation, de banque avec les autres élèves de l'école ; il s'occupe de sa correspondance, de sa tenue de livres, de la caisse, etc. Les affaires ou achats aux maisons étrangères sont écrites dans la langue du pays auquel on s'adresse. Les conditions, les usages des différentes places, tarifs douaniers, sont discutés, les prix débattus, la monnaie convertie, les changes calculés selon les besoins ; enfin, tout ce qui se rattache à un ensemble de connaissances théoriques et pratiques pour le commerce d'exportation. Les élèves discutent les opérations comme si elles étaient réelles.

Après l'examen de deuxième année, subi devant le Conseil d'administration et les professeurs de l'école, des diplômes sont conférés aux élèves les plus méritants.

La Chambre de commerce assure chaque année, à titre de récompense, un voyage gratuit à celui des élèves diplômés qui s'est le plus distingué dans les études.

La section de l'enseignement élémentaire reçoit les élèves âgés de quatorze ans révolus; celle de l'enseignement supérieur les admet à partir de seize ans.

Ceux munis du diplôme de bachelier ou du titre équivalant obtenu à l'étranger, sont admis en seconde année de l'enseignement supérieur.

L'Ecole supérieure de commerce de Lyon reçoit des internes, des demi-pensionnaires et des externes.

L'internat, avec chambre particulière, coûte :	2.200 francs.
Demi-internat, avec un repas.	950 —
Externat, division élémentaire.	300 —
Externat, division supérieure.	600 —

La société anonyme qui régit l'Ecole est fondée au capital de 1,200,000 fr., divisé en 2400 actions de 500 fr., souscrites par 550 actionnaires.

Malgré ces importantes ressources, la situation financière de l'Ecole de Lyon laisse à désirer.

Ecole supérieure du Commerce et de l'Industrie
DE ROUEN

Au lendemain des événements de 1871, le Conseil municipal de Rouen, avec le concours de la Chambre de commerce et de diverses Sociétés industrielles, provoqua une souscription pour fonder une Ecole de commerce.

La ville de Rouen donna un vaste local approprié à sa destination. 250,000 fr. furent souscrits d'enthousiasme.

L'enseignement de cette Ecole porte plus spécialement sur les langues étrangères, l'armement maritime, études des marchandises, essais chimiques et microscopiques.

Le laboratoire de l'Ecole des sciences, ainsi que les collections du muséum d'histoire naturelle, sont à la disposition des élèves.

L'externat est le régime de l'Ecole. — La rétribution scolaire est de 300 fr. Malgré ces conditions favorables, cette école ne prospère pas.

Ecole supérieure de Commerce
DE MARSEILLE

—

L'Ecole de Marseille, créée par l'initiative des principaux négociants de la place, est constituée en Société anonyme, au capital de 450,000 fr., en actions de 500 fr. souscrites par 220 négociants de la place.

En outre, elle reçoit des subventions de l'Etat, de la Chambre de commerce, de la Ville et de nombreuses Sociétés et Compagnies de Marseille, qui disposent d'un certain nombre de bourses.

L'enseignement se modèle un peu sur celui de l'*Ecole supérieure de Commerce* de Paris. Son programme est conçu en vue de se rendre immédiatement utile dans un comptoir étranger.

Les élèves sont classés par comptoirs ou maisons de commerce, de types différents :

1° Maison de banque française ;

2° Maison de commerce française ;

3° Maison de commerce anglaise.

Contrairement à la méthode de Lyon, qui donne à chaque élève la création et l'administration d'une maison de commerce dont il a tout le travail et toute la responsabilté, l'Ecole de Marseille a adopté le système de maisons collectives qui fonctionnent avec cinq ou six employés.

L'enseignement de l'école de Marseille se complète de cours d'armements maritimes, devis d'armement, qualités à rechercher dans un navire, etc., etc.

L'Ecole ne reçoit que des externes âgés de 14 ans révolus ; néanmoins, ils ont la faculté de déjeuner au buffet de l'Ecole.

Le prix de l'externat est de 600 fr.

Elle ouvrait ses cours en 1872 avec 44 élèves ; elle en reçoit aujourd'hui 150, dont 35 étrangers.

Cette école est en voie de prospérité, malgré le petit nombre d'élèves, si on tient compte de l'importance de la population industrielle et commerciale de cette ville.

Ecole professionnelle et commerciale

DE TOULOUSE

Toulouse, qui a beaucoup fait pour l'instruction à tous les degrés, n'a pas oublié l'enseignement spécial qui contribuera au développement de son commerce extérieur.

Une Ecole professionnelle et commerciale a été fondée le 13 avril 1885, rue des Trente-six-Ponts, dans le beau quartier du Jardin-des-Plantes.

. . . .

« Cette Ecole s'adresse à cette partie de la jeunesse qui désire compléter et étendre l'instruction déjà acquise dans les écoles primaires. Elle a pour but d'assurer à l'élite des élèves de ces Ecoles, en même temps qu'une solide et forte instruction générale, des connaissances spéciales propres à les acheminer aux diverses carrières industrielles, commerciales et administratives, qui conviennent plus particulièrement à leurs aptitudes et à leurs aspirations.

» Ses programmes sont, par suite, combinés de manière à préparer avec succès :

» 1° Aux concours d'admission aux Ecoles des arts et métiers, aux Ecoles vétérinaires, aux Ecoles normales primaires, à l'Ecole supérieure de commerce de Paris ;

» 2° Aux examens d'admission dans l'administration des postes et télégraphes, dans l'administration des contributions indirectes, dans les bureaux de comptabilité des chemins de fer, etc.;

» 3° Aux emplois dans les établissements industriels et commerciaux de la région et dans les administrations privées, telles que : banques, compagnies, comptoirs financiers.

Matières d'enseignement.

» Morale et Instruction civique. — Notions d'Économie politique et de Droit usuel. — Langue française et notions de littérature. Histoire de France et notions d'Histoire générale. — Géographie générale. — Mathémathiques (arithmétique, algèbre, géométrie, trigonométrie élémentaire, arpentage, levée des plans, nivellement). Physique et notions de mécanique. — Chimie. — Histoire naturelle. Écriture (divers genres). — Langues étrangères (anglais, espagnol). Dessin (divers genres). — Enseignement commercial et Comptabilité, Musique. — Gymnastique et exercices militaires. — Travaux manuels (Initiation au travail du bois et au travail du fer).

» A la fin de leurs études, les élèves qui se destinent a l'Industrie ou au Commerce sont placés, par les soins de la Direction et d'un Comité de patronage, dans les divers établissements industriels, commerciaux et financiers de la ville ou de la région.

» L'enseignement y est entièrement gratuit.

» Aujourd'hui cette École reçoit 157 élèves.

» L'externat est le régime de l'École.

. . . .

Le tableau des nombres d'heures employées par semaine aux matières de ces programmes, nous démontre que l'enseignement de cette école est plutôt général que spécial.

Nous préférerions un enseignement, divisé en trois sections bien distinctes, répondant aux triples besoins de la contrée : industrie et commerce, agriculture et administrations.

Partisans de la spécialisation dans l'enseignement professionnel, nous croyons que l'initiation élémentaire aux travaux manuels d'industries diverses (travail du bois et travail du fer) ne produit de résultat pratique que si elle est spécialisée. Cette initiation trop généralisée, même considérée comme simple gymnastique pour préparer à l'apprentissage, peut avoir le fâcheux inconvénient de donner de faux procédés de travail, difficiles à corriger ensuite. Nous remplacerions ces exercices élémentaires et incomplets, d'une utilité bien contestable, par un enseignement agricole théorique, avec laboratoire de chimie pour l'étude de la composition des terres, des engrais et des produits alimentaires de l'agriculture. Cet enseignement nous paraîtrait plus en harmonie avec les exigences de la région.

Nous engageons aussi le Comité d'administration de cette école à développer et élever l'enseignement commercial en vue du commerce extérieur, à donner un plus grand nombre d'heures à l'étude des langues étrangères, et à compléter cet enseignement de l'allemand et de l'italien.

Le Conseil municipal de Toulouse, qui vient de prouver sa sollicitude pour cette école spéciale en votant une somme de 45,000 fr. pour améliorations diverses, devrait insister, auprès de l'Administration universitaire, pour amener la réalisation du programme des trois sections distinctes, qui prépareraient spécialement et efficacement les élèves aux trois branches du commerce et de l'industrie, de l'agriculture et des emplois administratifs.

Cette école est dirigée par un homme instruit et énergique; nous sommes persuadés que sa compétence et son dévouement feraient produire les meilleurs résultats à ces réformes, si elles étaient appliquées.

Ecole supérieure de Commerce
DU HAVRE

———

Comme pour celle de Rouen, les douloureux événements de 1871 contribuèrent à provoquer un mouvement d'opinion en faveur de l'enseignement commercial.

Les frères Siegfried adressèrent un appel aux négociants du Havre pour fonder une école de commerce.

Cet appel fut entendu, et les négociants de cette place souscrivirent immédiatement un capital de 200,000 fr. pour les frais de premier établissement.

Depuis, de nombreuses adhésions sont venues augmenter les ressources de cette institution.

L'ensemble de l'enseignement est le même qu'aux écoles similaires de France. Quelques additions ont été faites au programme pour répondre à certains besoins de cette place maritime.

Comme à Lyon et Marseille, le *bureau* commercial, avec tous les exemples d'opérations positives, forme la base de l'instruction.

L'externat est le régime de l'Ecole. La rétribution scolaire est de 600 fr. par an. On n'admet d'élèves qu'à l'âge de 15 ans révolus et après examen.

La Société anonyme est la forme de constitution de l'Ecole du Havre.

Cette Société, créée au capital de 220,000 fr. en actions de 500 fr., reçoit encore de l'Etat, de la Ville et du Département, des subventions qui s'élèvent à 20,000 fr. par an.

Une pensée philanthropique a donné la vie à la *Société amicale des anciens Elèves de l'Ecole*, pour entretenir les relations d'amitié, patronner les jeunes élèves qui sortent de l'école, diriger leurs premiers pas dans la vie commerciale. Un cercle réunit les adhérents deux fois la semaine. Un bulletin trimestriel a été créé pour tenir les anciens élèves absents au courant des faits pouvant les intéresser.

Ecole supérieure de Commerce et d'Industrie

DE BORDEAUX

———

Comme à Lyon, la pénurie de bons employés français pour le commerce extérieur décida la *Société philomatique* à créer une école de commerce pour se passer des services d'employés allemands qui s'empressaient de revenir aussitôt après la guerre de 1870.

Aidée de la Chambre de commerce et de nombreux négociants de Bordeaux, elle trouva bientôt les ressources pour cette nouvelle institution.

Avec le concours de la Ville et du Département, une somme annuelle de 55,000 fr. fut assurée à cet établissement.

La municipalité bordelaise mit à la disposition de la *Société philomatique* les bâtiments de l'Ecole professionnelle de la rue Saint-Sernin.

C'est avec ces ressources que l'Ecole de commerce a ouvert ses portes, le 4 novembre 1874, à ses premiers élèves.

chimie, un laboratoire, un vaste musée d'échantillons de matières premières et de produits fabriqués, et une importante bibliothèque. Elle renferme, en outre, un vaste bassin pour le fonctionnement des machines hydrauliques; enfin, elle développe surtout l'étude intensive de l'anglais et de l'allemand, pour s'affranchir des employés étrangers qui encombraient cette place.

Plusieurs villes de la région : la Teste, Langon, etc., ainsi que de nombreuses sociétés commerciales, ont voté des bourses.

Jusqu'à ce jour, l'Ecole de Bordeaux n'a qu'un externat, dont le prix est de 200 fr. par an ; mais il est probable qu'elle suivra bientôt, par un internat, l'exemple de celles de Lyon et de Marseille, afin de recevoir les élèves étrangers que les relations de Bordeaux lui amèneront en grand nombre.

Ecole municipale professionnelle
DE REIMS

Sous l'influence du principe de la spécialisation de l'instruction, le Conseil municipal de Reims, les industriels et certaines notabilités de la région ont organisé, eu 1875, un établissement devant préparer les élèves pour les branches de l'activité humaine, le commerce, l'industrie et l'agriculture, qui concourent à la fortune publique.

Cette école professionnelle a donc un triple caractère qui forme trois sections, ayant chacune un programme spécial.

La section industrielle possède un atelier de filature, des ateliers de forge et de menuiserie, machines diverses, etc., etc.

La section du commerce suit les programmes un peu restreints de l'Ecole supérieure de Paris.

Le laboratoire, pour la section agricole, s'occupe de la composition chimique des engrais des terres, des produits alimentaires et industriels de l'agriculture.

Dans chacune de ces sections, il est consacré quinze heures par semaine à l'étude des langues étrangères.

L'Ecole a un internat, un demi-internat et un externat.

Le prix de l'internat est de 750 fr.; le demi-externat, avec trois repas, se paie 400 fr.; l'externat est gratuit.

Après examen, les élèves sont admis à partir de douze ans révolus.

L'organisation de l'Ecole professionnelle de Reims ayant tous les caractères d'intérêt public, l'Etat lui accorde une subvention de 5,000 fr.

C'est le type d'école que nous recommandons à toutes les municipalités de France.

Allemagne.

8.5 écoles commerciales avec 9420 élèves.

Tandis que l'*Ecole supérieure de commerce* de Paris ou l'*Ecole Blanqui* existait seule, sans succès et sans enthousiasme, de 1820 à 1860, avec une moyenne de 60 élèves, les Allemands, ces grands imitateurs, appréciant qu'il n'est pas d'écoles spéciales plus favorables pour arriver à des résultats immédiats, s'emparèrent de l'idée française et, pendant la même période, fondèrent 46 écoles fréquentées par plus de 6000 élèves. — Depuis, la loi militaire de 1866 accordant aux *Ecoles supérieures de commerce* la faculté de délivrer le certificat d'aptitude au volontariat, le nombre s'est élevé à 85 écoles avec 9420 élèves.

Comme en France, les écoles de commerce forment deux groupes : les écoles supérieures, au nombre de 24, et les simples écoles de commerce ou écoles moyennes beaucoup plus nombreuses.

Presque toutes ont été fondées par les corporations des marchands. Il existe encore de nombreuses sociétés d'employés de commerce qui ont institué des cours commerciaux. — C'est, le plus souvent, à ces sociétés que les négociants viennent demander des employés dont les aptitudes sont bien connues.

Nous ne comprenons, dans le nombre des écoles de commerce, aucune des écoles d'industrie spéciales à la distillerie, raffinerie, brasserie, etc., écoles de métiers, etc., etc., qui sont en très grand nombre ; nous nous bornons aux écoles théoriques et pratiques de commerce, qui forment des établissements distincts ayant leur autonomie.

Ecoles supérieures de commerce. — L'enseignement de ces écoles a adopté les programmes universitaires des *gymnases* et écoles *réales,* moins l'étude de la littérature et des langues classiques anciennes, grec et latin, remplacées par les langues modernes et le droit commercial.

Si la spécialisation commerciale n'est pas aussi marquée que dans nos écoles supérieures de commerce, il faut l'attribuer aux exigences des programmes officiels pour obtenir le privilège du volontariat d'un an ; aussi, l'enseignement commercial de nos écoles supérieures de commerce a la préférence des élèves étrangers.

La durée des études, dans les *écoles supérieures de commerce*, est de trois années.

Les programmes d'admission, dans ces écoles, correspondent aux connaissances des élèves de quatrième des écoles *réales*.

Pour obtenir, après la troisième année, le certificat donnant le privilège du volontariat, l'élève doit justifier une instruction égale à celle des élèves des gymnases qui ont terminé leur seconde.

Ecoles moyennes de commerce. — Ce deuxième groupe d'écoles est destiné à compléter l'enseignement des écoles primaires par des connaissances commerciales pour la pratique du petit négoce.

Les cours sont de trois années, comme à l'école supérieure. Dans l'un et l'autre de ces deux groupes d'enseignement, un très grand développement est donné à l'étude des langues étrangères.

Plusieurs grandes villes d'Allemagne ont institué des écoles de commerce et d'industrie pour les jeunes filles, dans lesquelles l'enseignement commercial est donné gratuitement.

Nous nous dispensons de faire le tableau synoptique des écoles de commerce en Allemagne; les chiffres

de la statistique que nous avons donnés plus haut
ont leur éloquence ; nous signalons seulement celles
qui se distinguent par l'importance du programme
et le nombre des élèves :

1º	Ecole commerciale municipale de Munich. .	225 élèves
2º	Ecole commerciale municipale de Nuremberg.	410 —
3º	Académie de commerce de Siegmund Salomon,	
	à Berlin.	190 —
4º	Académie de commerce de Dantzig.	210 —
5º	Ecole commerciale municipale de Hanovre. .	225 —
6º	Institut public de commerce, à Dresde. . . .	446 —
7º	Institut public de commerce de Leipzig. . .	495 —
8º	Ecole de commerce de Stuttgard.	250 —
9º	Ecole industrielle et commerciale de Ulm. .	360 —
10º	Institut supérieur de commerce, à Brunswick.	220 —

Autriche-Hongrie.

—

68 écoles commerciales, avec 788 élèves.

Notre ambassadeur de France à Vienne, nous apprend, dans ses rapports des 16 février et 8 mai 1886, que les écoles de commerce ont pris en Autriche, depuis quelques années, un développement exceptionnel.

Le système scolaire est à peu près le même qu'en Allemagne. Ces écoles se divisent en trois groupes :

1° Ecoles de commerce publiques ;

2° Ecoles de commerce privées ;

3° Ecoles pour les apprentis de commerce.

Les *Ecoles de commerce publiques,* ou Académies de commerce, donnent l'instruction générale des gymnases, augmentée de l'enseignement spécial des opérations commerciales et industrielles. La pratique de ces opérations a une plus large part qu'en Allemagne.

Ces écoles sont subventionnées par l'Etat.

Les *Ecoles de commerce privées* sont organisées comme les précédentes, mais ne reçoivent aucune allocation de l'Etat ; elles sont presque toutes fondées par des sociétés commerciales.

Pour être admis dans les écoles des deux premières catégories, il faut être âgé de 14 ans, et répondre à un examen correspondant aux études faites en quatrième dans nos lycées.

Les cours ont une durée de deux années.

Les diplômes délivrés par ces Académies de commerce donnent droit au volontariat d'un an.

Les *Ecoles de perfectionnement* servent à compléter l'éducation primaire des élèves de commerce.

Actuellement, ces écoles sont fréquentées par plus de 4000 élèves.

Vienne possède neuf Académies de commerce, avec 1520 élèves.

L'*Académie de Prague* se distingue, entre toutes celles de l'Empire, par le nombre de ses élèves (340) et sa belle installation. — Fondée en 1830 par la corporation des marchands, elle a obtenu des résultats pécuniaires qui lui ont permis de capitaliser une somme de 120,000 fr., dont les intérêts lui permettent de donner des primes, bourses de voyage, etc. — Le comptoir-modèle de l'*École supérieure de commerce de Paris* et le bureau commercial de l'Ecole de Marseille, ont été adoptés dans l'enseignement de Prague.

Nous croyons devoir reproduire sur cette école un extrait du rapport d'un de nos compatriotes, M. Anselme Ricard, professeur de français à l'Académie de Prague :

« Je suis témoin de ce fait depuis plus de vingt ans, que nos élèves sont d'excellents comptables, qu'ils font la correspondance d'une façon remarquable et qu'il n'est pas rare de les voir lancer leurs lettres en quatre langues avec une égale facilité. Je n'ai pas encore vu de nos compatriotes m'écrire de New-York, de Liverpool ou du Havre, comme le font certains de ces élèves qui se jouent avec les difficultés des langues anglaise et française.

» Nos élèves sont répandus sur toute la surface de la terre, depuis New-York jusqu'à Batavia, depuis Moscou jusqu'à Liverpool. Ce que je dis de Prague, je le dis à la fois de cinquante établissements pareils en Allemagne et en Autriche. »

. . . .

Belgique.

L'Institut supérieur de commerce à Anvers est un établissement modèle, fondé en 1847 par M. A. Deschamps, alors ministre des affaires étrangères.

Cet Institut des hautes études commerciales se recommande par un personnel de professeurs d'élite, un programme d'enseignement amélioré de toutes les réformes introduites dans les Ecoles de commerce d'Europe ; enfin, par le concours d'enseignements pratiques donnés par un musée d'échantillons, par les rapports consulaires, les journaux commerciaux commentés dans des conférences.

A côté de *l'Institut supérieur* prospère *l'Institut de commerce des Pères Jésuites*, avec 350 élèves et 22 professeurs.

L'Ecole des Joséphistes a une section commerciale et industrielle qui a formé, depuis 50 ans, des milliers d'élèves établis sur tous les points du globe.

Avec les programmes de l'*Ecole supérieure de commerce* de Lyon et de Marseille, l'étude des langues modernes fait l'objet principal de l'enseignement.

Les *Athénées belges* ayant la spécialité de préparer concurremment aux carrières libérales et profesionnelles, les écoles de commerce se sont moins répandues qu'en Allemagne. Pourtant, à côté des Ecoles de commerce nous devons signaler les belles Ecoles industrielles de Charleroi, Jumet, de Chatelet, de Gosseliers et de Mons, qui ont dans leurs programmes un enseignement commercial assez développé.

Hollande.

La Hollande ne possède que trois écoles commerciales :

Ecole commerciale d'Amsterdam ;
Ecole pour le commerce et l'industrie, à Harlem ;
Ecole d'industrie et de commerce, à Enschède.

Ces trois écoles ont à peu près le même programme d'enseignement.

Nous remarquons qu'un plus grand nombre d'heures est consacré à l'étude des langues étrangères, 18 heures par semaine à l'anglais, le français et l'allemand, qui sont obligatoires ; les cours d'espagnol et de suédois sont facultatifs, mais également professés.

La durée des études est de cinq années.

Toutes ces écoles sont subventionnées par les municipalités.

Espagne.

———

Nous ne pouvons supposer à l'Espagne, pour les écoles de commerce, un enthousiasme dont elle manque pour l'enseignement en général. — Il existe pourtant trois écoles assez fréquentées.

L'*Ecole de commerce* à Barcelone, de récente création, reçoit aujourd'hui 625 élèves, qui suivent, quinze heures par semaine, les différents cours d'anglais, français, allemand et italien. Les autres matières enseignées ne sont qu'un complément de l'enseignement primaire : statistique, économie et législation commerciale et industrielle.

L'*Athénée mercantile* de Malaga n'est organisé que pour donner des cours de science commerciale durant quelques heures par jour. Cette école paraît n'avoir pas d'avenir.

L'*Institution mallorquine d'enseignement commercial* à Palma, administrée par un Français, M. Ernest Canut, banquier de cette ville, produit d'excellents résultats.

On se propose d'adjoindre à l'enseignement commercial des ateliers pour la serrurerie, le modelage, etc., etc.

Si cette école peut surmonter certaines difficultés financières, son succès est assuré.

Grèce.

Les *Gymnases de Corfou, Patras et Syra*, ont des sections pour l'enseignement des matières commerciales: droit, législation, comptabilité, trafic, etc.

L'allemand, l'anglais, le français et l'italien occupent une large place dans cet enseignement.

Italie.

——

120 Ecoles commerciales avec 30.330 élèves.

L'enseignement absolument gratuit aux trois degrés : primaire, secondaire et supérieur, a reçu en Italie une organisation vraiment admirable qui répond à tous les besoins.

L'enseignement commercial, industriel et professionnel est donné dans les *Ecoles techniques* et les *Instituts techniques*. Les langues mortes sont complètement écartées des cours techniques ; mais l'étude des sciences est plus développée que dans les études classiques ; on se contente de faire commenter à l'élève quelques traductions des meilleurs auteurs latins.

On compte aujourd'hui :

77 *Ecoles techniques* avec 24200 élèves.
43 *Instituts* — — 6130 élèves.

On est admis dans les *Ecoles techniques* à partir de douze ans. — A la fin de la troisième année d'études, les élèves qui ont obtenu un diplôme peuvent

continuer leurs études à l'*Institut technique,* où se
complète l'instruction professionnelle.

Ce dernier comprend cinq sections :

    1° La section d'agronomie ;
    2°   —   d'arpentage ;
    3°   —   physico-mathématiques ;
    4°   —   de commerce ;
    5°   —   industrielle.

A la fin de la quatrième année d'études, les élèves
de la section commerciale obtiennent le diplôme de
ragionere, titre indispensable pour beaucoup de
fonctions gouvernementales. — Les *ragioneri* italiens
sont considérés comme des officiers de l'état civil,
et leurs écritures ont force de loi au même titre que
les actes de notaires.

Nous distinguons, en outre de ces *Instituts techniques,* d'après le tableau synoptique de M. Eugène
Leautey :

L'Ecole supérieure de commerce de Venise, avec une subvention
de 80,000 fr. de la Province, de la Ville et de l'Etat;

L'Ecole de commerce d'Ancone, fondée par la Chambre de commerce et la Société philologique ;

L'Ecole de commerce de Bari, subventionnée par l'Etat, la Banque
de Naples et la Chambre de commerce ;

L'Ecole de commerce municipale de Brescia, subventionnée par le Ministre du commerce et de l'agriculture ;

L'Ecole commerciale de jeunes filles à Florence, fondée par une Société privée ;

L'Ecole de commerce de Florence, subventionnée par la municipalité et la Chambre de commerce ;

L'Ecole royale supérieure des études commerciales, avec diverses subventions annuelles s'élevant à 95,000 fr ;

L'Ecole commerciale de Naples, fondée et dirigée par le professeur Raffaelo Mª Rossi, qui fournit le local, le chauffage, l'éclairage et ses soins gratuits ;

L'Ecole municipale de commerce de Rome, avec 230 élèves ;

L'Institut royal international de Turin, subventionné de 20,000 fr. par la Ville, l'Etat et la Chambre de commerce.

Turin possède encore :

L'Ecole spéciale de commerce, fondée par Jean-Joseph Garnier, qui vit de ses propres ressources ;

L'Ecole commerciale du soir, avec une subvention de 15,000 fr. du Ministère du commerce.

Cette belle organisation de l'enseignement professionnel, préparé par Cavour et accompli aujourd'hui par l'Unification italienne, place aujourd'hui l'Italie au premier rang des nations d'Europe et lui prépare sûrement un bel avenir commercial.

Roumanie.

6 Ecoles de commerce avec 900 élèves.

Ce petit Etat possède, proportionnellement, un nombre d'Ecoles de commerce bien supérieur à celui des autres nations.

Le budget qu'il y affecte suffit à entretenir six écoles de commerce avec 900 élèves; les municipalités fournissent seulement le local, l'éclairage et le chauffage.

Ces écoles sont réparties comme suit:

Ecole de commerce de Bucharest,	10 professeurs et	285 élèves.
Ecole divisionnaire	—	6	—	80	—
Ecole de commerce de Craïova,	12	—	160	—
—	—	de Galatz,	12	—	165	—
—	—	de Jassy,	10	—	90	—
—	—	de Ploiesci,	10	—	120	—

L'enseignement commercial dure cinq années; il est absolument gratuit dans toutes ces écoles.

Russie.

Comme en Allemagne, les écoles de commerce que possède la Russie sont dues à l'initiative des corporations de marchands. Ces écoles sont au nombre de vingt, dont cinq grands établissements d'enseignement spécial à Odessa, Saint-Pétersbourg, Moscou, Riga et Varsovie.

L'*Ecole de commerce de Moscou* possède un personnel de 30 professeurs, avec 510 élèves qui paient :

Externat.	350 francs.
Internat.	750 —

La durée des études est de six années. Le service militaire des diplômés de cette école est réduit à six mois, s'ils ont les ressources pour s'équiper à leurs frais.

L'*Ecole de commerce de Saint-Pétersbourg* est la mieux dotée du monde, au point de vue des locaux, du mobilier scolaire et des ressources financières. Elle reçoit 500 élèves internes ou demi-pensionnaires.

L'enseignement général comprend l'étude des choses commerciales, mais le plus grand nombre d'heures est consacré aux langues étrangères. Du reste, cette particularité se remarque dans tous les programmes d'enseignement commercial.

L'*Ecole de Varsovie*, fondée et entretenue par la famille Kronenberg, ne reçoit les élèves qu'à l'âge de 16 ans, qui ont fait leur quatrième dans les écoles secondaires.

La durée des études est de deux années.

L'*Ecole polytechnique de Riga* est la plus prospère de la Russie. Sur 820 élèves qu'elle reçoit, la division commerciale comprend 190 élèves.

Dans cette école, tous les cours se font en allemand.

La durée des études dans les deux sections, école préparatoire et polytechnique, est de six années.

Le laboratoire de cette école fait les analyses chimiques pour la Ville, le commerce et l'industrie. Par cette innovation, les élèves sont en même de faire un plus grand nombre d'analyses, mais encore l'établissement y trouve une source de revenus importants.

Les autres Ecoles de commerce répandues dans l'Empire sont des *Ecoles moyennes* complétant l'enseignement primaire par deux années d'enseignement commercial.

Suède et Norwège.

D'après des rapports incomplets, la Suède n'aurait que trois écoles de commerce : à Stockolm, Gothembourg et Christiania. Elles sont toutes fondées et entretenues par les municipalités et les commerçants.

Turquie.

Comme en Suisse, tous les *Gymnases* ayant des cours commerciaux, il n'existe qu'une seule *Ecole spéciale de commerce*, fondée à Constantinople par la corporation des marchands grecs. — Elle suit les programmes de l'*Ecole supérieure de commerce* de Marseille.

Suisse.

Les programmes d'enseignement ayant tous une section commerciale, rendent inutiles les écoles spéciales de commerce.

En Suisse comme en Italie, l'enseignement à tous les degrés, professionnel, etc., est gratuit pour les pauvres.

Dans presque toutes les écoles, il y a deux parties d'enseignement: l'une obligatoire et l'autre facultative. Par une différence bien caractéristique avec les programmes de l'enseignement en France, les langues modernes, français et allemand, font partie de l'enseignement obligatoire, tandis que les langues anciennes, grec et latin, sont facultatives.

Nous croyons que ces programmes répondent beaucoup mieux que les nôtres aux besoins divers de notre siècle.

L'*Ecole de commerce de Berne* n'a que la spécialité d'enseigner quatre langues modernes: le français, l'anglais, l'italien et l'espagnol.

Etats-Unis d'Amérique.

—

269 Ecoles de commerce avec 52300 élèves.

Nous savons à regret que l'Amérique du Nord occupe la première place pour le développement de tous les genres d'instruction.

La décentralisation y a produit des résultats merveilleux.

Son organisation est la plus libérale, la plus large qui puisse être donnée à l'instruction publique.

L'Américain s'est affranchi du pouvoir central, de l'infaillibilité d'un ministre et des lumières d'une corporation savante.

Pas de programmes officiels; chaque Etat de *l'Union* a son budget de l'instruction publique largement doté par des taxes déterminées, mais surtout par la munificence de nombreux donateurs.

Des délégués sont choisis par les districts, par voie de scrutin, afin de surveiller tout ce qui concerne l'administration des écoles. Leur mandat ne dure que trois ans. Mensuellement, ils publient un rapport que la presse porte à la connaissance du public.

C'est grâce à cette décentralisation, à la liberté des programmes et à la puissance de l'initiative qui favorise l'essai et la comparaison des méthodes, que l'organisation américaine peut être proposée en exemple à toutes les nations.

Après avoir tant et si bien fait pour l'instruction générale, les états de *l'Union* ont multiplié les écoles de commerce.

Il existe aux Etats-Unis deux genres d'institution d'enseignement commercial : les *Business collèges* et les *Commercial collèges,* représentant les deux opinions différentes d'envisager l'enseignement commercial.

Les *Business collèges* s'occupent plus spécialement de donner l'enseignement pratique des opérations commerciales simulées, comme le *Bureau commercial* de l'*Ecole supérieure commerciale* de Lyon, auquel s'ajoute l'étude et la pratique de la sténographie, qui joue un très grand rôle aux Etats-Unis.

Nous devons dire à ce sujet que la sténographie écrite, système de Duployé, est là-bas complètement abandonnée ; la sténographie, au moyen d'une machine à clavier est depuis longtemps préférée. Cet instrument, d'un petit volume, imprime les caractères sur une bande de papier qui se déroule sous la machine.

Dans les *Business collèges,* la durée des études est très courte. Quand l'élève se croit suffisamment instruit, il subit un examen et quitte l'école à toutes les époques de l'année.

Les *Commercial collèges* donnent l'enseignement théorique développé de nos *Ecoles supérieures de commerce* de Paris ; néanmoins, les programmes varient selon les besoins de leur clientèle ou les exigences locales. La durée des études est de cinq années.

Nous ne donnons pas le tableau synoptique des 269 écoles commerciales des Etats-Unis, le cadre de notre travail ne nous le permet pas.

. . . .

En résumé, nos Ecoles de commerce françaises, les Académies allemandes et autrichiennes sont supérieures, pour le rapport théorique, aux *Commercial collèges,* tandis que l'enseignement pratique des *Business collèges* nous paraît plus complet.

LES
MUSÉES COMMERCIAUX
EN EUROPE

« L'industrie vit d'actualités ; le Musée commercial
» en est une des plus fécondes. . . . . »

« L'Exposition permanente est appelée à rendre de
» grands services au commerce et à l'agriculture. . . . »

Parmi les moyens de publicité que notre siècle a créés, se placent principalement les Expositions.

Ces grands facteurs de vulgarisation, organisés pour la première fois en 1803, par F. de Neufchâteau, ont favorisé la diffusion des progrès commerciaux, industriels et agricoles, et mis à la portée du public des connaissances qui n'auraient, qu'après bien du temps, pénétré certains milieux.

Malgré ces bienfaits incontestables, il semble que cette institution entre, depuis quelques années, dans une nouvelle phase d'applications. De temporaires et centrales, les Expositions deviennent *permanentes* et *régionales*. La création un peu partout de *Musées commerciaux* démontre l'insuffisance des Expositions temporaires et marque une évolution vers la *permanence*.

Partisans de ces derniers principes, nous allons exposer les avantages qui militent en leur faveur.

Jusqu'à ce jour, les Expositions universelles, ces imposantes manifestations de l'industrie et du commerce, ont ravi et enthousiasmé par leur faste et leurs proportions, mais n'ont pas toujours produit les résultats matériels qu'en espéraient les Exposants.

Sans vouloir faire le procès de ces Expositions géantes ni contester entièrement leurs bons effets, nous voulons seulement démontrer qu'elles sont perfectibles, susceptibles d'applications nouvelles, d'un caractère différent : *la vulgarisation effective par la permanence.*

Depuis longtemps, le monde des affaires a reconnu les inconvénients et l'insuffisance des Expositions temporaires.

En effet, l'intervalle de dix ans qui les sépare est trop long pour la mise en évidence des produits créés pendant ce laps de temps, et leur durée trop courte pour permettre d'apprécier avec fruit la multiplicité des objets qu'elles renferment. Si elles suffisent à peine à l'examen d'articles commerciaux, à la constatation d'améliorations de produits déjà connus, elles sont insuffisantes pour les nouvelles inventions et les perfectionnements, qui exigent souvent, pour être appréciés et adoptés, le temps et la réflexion qu'on n'a pas.

Qui n'a, dans ces Expositions temporaires, plus ou moins éprouvé cette fatigue physique et intellectuelle qui résulte de l'encombrement partout, de l'entassement sur un seul point d'une foule enfiévrée, de l'excitation cérébrale produite par l'impatience de tout voir en peu de temps !

Chacun se promet bien, au départ, de n'étudier que la spécialité de connaissances qui intéresse son industrie ou son commerce ; mais, ébloui, distrait par tout ce qu'on voit, et surtout déséquilibré par les circonstances que nous venons de rappeler, on n'étudie qu'imparfaitement la chose qui vous y amène ; on manque de réflexion et de calme pour en apprécier les avantages..... L'Exposition se clôture ou l'heure du départ sonne, et on retourne chez soi avec des appréciations inexactes ou confuses, des renseignements incomplets pour le bénéfice de son industrie, de son commerce ou de sa culture.

Les inconvénients pour l'Exposant sont peut-être plus grands encore. Une longue expérience nous autorise à affirmer que dans ces immenses *halls* d'expositions, beaucoup d'exposants, l'inventeur surtout, qui n'ont été représentés que par un seul objet, sont restés souvent inaperçus du public, submergés qu'ils étaient dans l'universalité des produits commerciaux. Il a manqué aux inventeurs, à ces pionniers du progrès, une place spéciale, un monument distinct où le visiteur aurait trouvé réunis les objets, les appareils, les produits représentant le dernier mot des progrès accomplis dans chaque branche de l'activité humaine.

Pour atténuer ces nombreux inconvénients et faire produire à cette institution son maximum d'effet, le moyen le plus efficace est, croyons-nous, **la permanence des Expositions.**

Convaincu de l'efficacité de ce principe, nous avons cru devoir terminer cet opuscule par une monographie des Musées commerciaux en Europe, musées qui ne sont que des *Expositions permanentes.*

Ces institutions commerciales, très répandues à l'étranger, sont destinées à développer les échanges internationaux par la réunion de matières premières et d'objets manufacturés venant de l'étranger qui peuvent être utilisés par l'industrie locale ; elles ont en même temps pour but, par l'exposition des produits nationaux, de favoriser l'exportation de ces produits ou d'en développer la consommation dans la contrée. Les Musées commerciaux doivent prendre en quelque sorte, dans le domaine des connaissances commerciales, la place qu'occupent, dans le domaine des sciences naturelles et des beaux-arts, les collections minéralogiques, zoologiques, œuvres artistiques, etc. Elles fournissent les moyens d'étudier pratiquement les affaires en permettant aux intéressés indigènes de se renseigner sur ce qu'ils peuvent acheter ou vendre à l'étranger, et de renseigner les étrangers sur ce qu'ils peuvent se procurer dans le pays.

Il existe plusieurs types de Musées commerciaux :

1° Les Musées commerciaux fondés par les Chambres de commerce, subventionnés par les villes où sont créés ces musées ; tels sont ceux de Milan, Bruxelles, Turin, etc. ;

2° Ceux créés sous les auspices du Gouvernement et entretenus par l'État, ayant par conséquent une administration et un caractère officiels; ainsi sont institués celui de *Kensington* (Angleterre), le *Musée oriental* à Vienne, ceux de Porto et de Lisbonne (Portugal);

3° Les Musées de la troisième catégorie sont plutôt des comptoirs d'échantillons créés par des Agences d'exportation dont on trouve des exemples à Lille, Stuttgard, Dresde, Munich; ce sont des exhibitions permanentes d'articles produits dans le pays où elles sont établies.

Le musée renseigne, le comptoir vend: l'un est le complément de l'autre;

4° Enfin, une quatrième catégorie, destinée à prendre les avantages des uns et à écarter les inconvénients des trois premières, comprend les Musées créés uniquement par l'initiative privée, sous le patronage d'institutions commerciales; tel est le *Nederlandsoh handels museum*, à Amsterdam, ayant le caractère de musée et de comptoir; tel aurait été aussi celui qui se créait, il y a quelques mois, à Toulouse, sous le patronage de la Chambre de commerce, de la Société d'agriculture et la haute approbation de l'Etat, et dont l'organisation a été ajournée par des incidents d'installation et des considérations d'opportunité en décembre 1887, après la clôture de l'Exposition internationale de cette ville.

Nous laisserons nos lecteurs se prononcer sur la valeur relative de ces diverses catégories de Musées commerciaux.

Nous exprimons nos regrets de ne pouvoir commencer cette monographie par les Musées commerciaux de France, les renseignements circonstanciés demandés au Ministère du commerce, il y a bientôt deux mois, ne nous sont pas encore parvenus. Nous allons donner ceux venus de l'étranger, demandés à la même date.

Belgique.

Musée commercial de Bruxelles.

« Le Musée est un grand édifice, suffisamment commode, situé dans la rue des Augustins, non loin de la Bourse et à proximité des gares principales. Comme le bâtiment n'a pas été construit spécialement pour servir de Musée, son éclairage laisse quelque peu à désirer au rez-de-chaussée ; mais il a été acquis à bas prix, en 1881, par le Gouvernement belge, qui a payé environ 250,000 fr. pour achat et appropriation du local ; l'administration doit aussi liquider une rente annuelle de 10,500 fr. en faveur de la ville de Bruxelles, jusqu'à concurrence de la somme due pour le terrain occupé. Le mobilier et les accessoires ont coûté environ 75,000 fr., tandis que le crédit annuel voté par les Chambres, pour l'entretien du Musée, s'élève à 25,000 fr.

» Les organisateurs du Musée, qui fut fondé en 1881, avaient un triple but, à savoir : 1° montrer à l'importateur et à l'exportateur belges où ils peuvent se procurer, le plus avantageusement sur les lieux mêmes de production, les matières premières voulues ; 2° donner aux manufacturiers les meilleurs renseignements quant aux marchandises demandées et consommées en pays étranger, de manière à lui permettre de concourir partout où il a chance de réussir ; 3° faire connaître aux intéressés la manière d'emballer et de faire la toilette des articles d'exportation, selon le goût et les usages des acheteurs étrangers.

» Le 3ᵉ objectif est, comme on le voit, un corollaire du 2ᵉ. La classification générale des collections comprend 44 groupes, répartis en 400 classes, lesquelles sont subdivisées à leur tour par les nᵒˢ d'ordre des échantillons. Par exemple : le groupe 25, *Produits de la filature et du tissage,* se divise en classes, comprenant quelques milliers d'échantillons, arrangés méthodiquement selon le pays où ils sont employés. Dans chaque cas, les renseignements se rapportant à l'échantillon, font connaître le Consul qui a envoyé celui-ci, le pays d'origine, les prix, la longueur, la largeur, le poids, et tout échantillon porte un numéro correspondant à celui qui figure dans le catalogue. Cette publication contient des indications sur tous les principaux articles de commerce, notamment quant à l'importance de la consommation dans le pays où l'échantillon a été recueilli, à la valeur de la production dans ce même pays et dans d'autres centres; et de plus, les archives du Musée, dont les dossiers peuvent être consultés par ceux des intéressés qui en font la demande, renferment de détails très complets sur tous les points qui précèdent et sur d'autres questions intéressantes de même nature.

» Les échantillons sont recueillis périodiquement par les Consuls, agissant d'après des instructions générales qui leur prescrivent de transmettre au Musée les types de tous articles nouveaux d'une consommation suffisamment importante. A la requête des industriels et autres intéressés, les Consuls reçoivent aussi des instructions spéciales destinées à faire combler les lacunes qui sont constatées dans les collections. Les doubles des échantillons exposés sont donnés aux intéressés chaque fois que la chose est possible.

» Outre les collections d'échantillons qui occupent trois étages du bâtiment, il y a encore une salle de lecture où sont centralisés les principaux journaux commerciaux de tous pays, ainsi que des livres techniques et des almanachs du commerce.

» Un bureau spécial fournit tous renseignements sur les frêts et taux de transports par mer et par terre ; ceux-ci ne constituent pas des éléments sans importance pour estimer les prix de vente ou de revient. Un autre service réunit et publie les documents concernant toutes les adjudications ouvertes par les services publics, ainsi que les entreprises ouvertes à la libre concurrence à l'extérieur et signalés par les représentants belges du royaume en pays étrangers. Les journaux commerciaux de la blibliothèque contiennent aussi beaucoup de renseignements à ce sujet.

» Aucun relevé des faillites, tant en Belgique qu'à l'étranger, n'est publié par les soins du Musée ; mais les agents belges donnent, sous toutes réserves, des renseignements spéciaux aux intéressés s'adressant à eux, soit directement, soit par l'intermédiaire du Musée, afin de connaître le crédit qui peut être accordé aux personnes établies dans leurs circonscriptions respectives. Parmi les renseignements s'appliquant aux échantillons exposés figure aussi l'indication des principales firmes étrangères traitant les articles qu'ils représentent. Les prix renseignés au catalogue comprennent les droits d'entrée frappant, dans le pays en cause, les articles auxquels ces prix se rapportent. Quant au tarif douanier, la collection originale est conservée au Ministère des affaires étrangères, qui publie au « *Moniteur Belge* » la traduction de ces tarifs et les changements qu'ils subissent.

» Nous n'avons pas encore mentionné le *Bulletin hebdomadaire du Musée*. Cette publication sert de complément au Catalogue ; celui-ci étant annuel, il paraît indispensable d'enregistrer ailleurs les changements apportés dans l'intervalle aux collections par le fait des acquisitions nouvelles et par la suppression des échantillons devenus surannés. Le *Bulletin* renferme aussi des extraits de rapports consulaires belges et étrangers, la traduction d'articles intéressants trouvés dans les journaux spéciaux, etc., ainsi que les avis des adjudications déjà citées. Il coûte 50 centimes par numéro, le prix de l'abonnement étant de 12 francs pour la Belgique et de 15 francs pour l'étranger (Union postale).   ALFRED GEELHAND

Musée commercial de Liège.

« C'est au mois d'août 1886 que la Chambre de commerce de Liège a pris l'initiative de la fondation d'un Musée commercial.

» Cette institution a été divisée en deux sections : la première comprend les articles d'importation avec la désignation de leur provenance, de leur prix, du lieu d'origine, des frais de transport, des droits de douane et des conditions de vente.

» A la seconde section figurent les articles recherchés sur les marchés étrangers et lointains, avec l'indication du conditionnement et du mode d'emballage en usage dans les divers pays. »

(Consulat de France à Liège).

Le programme élaboré par la Commission de la Chambre de commerce est loin d'être rempli jusqu'ici par le Musée commercial de Liège.

L'institution en est à ses débuts ; elle prendra de l'extension au fur et à mesure que des locaux plus vastes seront mis à sa disposition.

Musée commercial d'Anvers.

« Le Musée commercial d'Anvers se compose uniquement de collections de produits d'importation et d'exportation arrangés pour l'instruction des élèves de l'Institut supérieur du commerce plutôt que pour le public.

Allemagne.

Musée commercial de Stuttgard.

Le Musée de Stuttgard, ou mieux l'*Exposition permanente* des produits de la contrée sous le nom d'*Agence générale d'exportation,* représente à peu près toutes les branches de l'industrie allemande; c'est un comptoir d'échantillons.

Les membres de cette Association sont actuellement au nombre de 418, parmi lesquels figurent des maisons de premier ordre.

Cette Exposition permanente, ainsi que les bureaux de l'*Agence,* sont situés dans le Palais de l'Industrie, magnifique bâtiment situé à proximité de la gare, ce qui permet aux voyageurs de s'y rendre sans aucune perte de temps, d'examiner à loisir les produits propres à l'exportation, de s'informer des prix, des conditions de paiement, de transmettre leurs ordres, qui passent aux fabricants sans frais quelconques.

Pour le moment, l'Association ne fait pas d'affaires pour son compte ; elle laisse aux industriels seuls l'exécution de tous les ordres reçus. Son but unique étant l'extension de l'exportation, elle se borne à mettre en contact vendeurs et acheteurs.

L'industrie du Wurtemberg, distribuée sur toute l'étendue du pays, est en même d'utiliser les forces hydrauliques, de diminuer le prix de la main-d'œuvre; mais elle a aussi de grands désavantages, en ce qu'il est constaté que l'éloignement d'un centre commercial enpêche très souvent les négociants de nouer des relations suivies avec les pays étrangers. C'est précisément pour remédier à cet inconvénient que l'*Agence générale d'exportation* a été fondée.

Les voyageurs sur les grandes lignes nationales, *Paris-Vienne* ou *Berlin-Milan*, sont obligés de passer par la capitale du Wurtemberg. Cette Exposition permanente leur offre tous les moyens possibles de se renseigner sur les ressources et les produits industriels de la contrée.

Le catalogue de cette Exposition permanente paraît en allemand, français, anglais et espagnol. L'Agence possède 21 représentants à l'étranger.

Musée commercial de Francfort-sur-Mein.

M. Sonnemann, le directeur du *Franchfurter Zeitung*, le meilleur journal de l'Allemagne, hors Berlin, a été l'un des patrons les plus actifs du Musée commercial de Francfort.

L'Agence de Francfort a été fondée le 29 mai 1885, avec un capital de 50,000 fr. Les actionnaires ne toucheront jamais plus de 5 %. Le local de l'exposition d'échantillons a été ouvert au mois de janvier 1886 ; il se trouve à cinq minutes de la gare, dans un ancien palais électoral, sur le quai du Mein.

On évalue les dépenses d'installation à 20,000 fr. L'on espère en recouvrer une partie à l'aide des recettes (location d'emplacement, bonification sur les affaires procurées par l'Agence). Les exposants paient 37 fr. 50 c. par mètre carré et par an. En retour, la direction est tenue de leur fournir tous les renseignements et gratuitement. On comptait aujourd'hui 250 membres adhérents. La majeure partie sont des industriels de Francfort (parfumerie, brosserie, papeterie, vins du Rhin, produits chimiques) ; puis de Hanau (bijouterie, bronze) ; Offenbach (cuir, bimbeloterie) ; machines à coudre, machines agricoles, tissus, jouets, meubles d'un bon marché inouï.

L'Agence de Francfort ne limite pas sa sphère d'action à une seule province; elle est ouverte à tous les industriels de l'Allemagne.

Cette Exposition reçoit des visiteurs de tous les pays; il en vient de France, d'Amérique, d'Australie et d'Asie.   (*Economiste Français*).

Musée commercial de Dresde.

En 1883, Dresde conçut l'idée d'établir un vaste dépôt d'échantillons de produits saxons propres à l'exportation.

Quand un certain nombre de notabilités eut promis son concours, on constitua, le 19 mai 1885, une Société générale d'exportation pour le royaume de Saxe, qui prit le nom de « *Export verein für das Kœnigreich Sachsen.* »

La direction de l'entreprise fut confiée à un Conseil d'administration, qui procéda à l'élaboration des Statuts de ladite Société.

Avant la fin de l'année 1885, la Société comptait déjà près de 300 membres; elle s'élève aujourd'hui à 440.

« Afin de favoriser le plus posssible le commerce allemand d'exportation, et sur l'initiative expresse des Chambres de commerce de Dresde, de Leipzig, de Chemnitz, la Société a bien voulu admettre au nombre de ses membres les commerçants et les industriels établis dans la circonscription desdites Chambres de commerce, ainsi que les représentants des plus importantes maisons d'exportation de Hambourg et de Brême, les membres des Chambres de commerce des villes anséatiques; enfin, la plupart des notabilités industrielles et commerciales de l'Empire allemand.

» Afin de permettre a ces diverses personnes de mettre à profit un temps de séjour relativement court dans notre ville; afin de leur offrir le tableau complet des établissements industriels de la Saxe, des produits variés de la région, et de fournir en même temps au plus grand nombre possible de nos industriels l'occasion de fixer sur lesdits produits l'attention des commerçants de Brême et de Hambourg, la Société générale a conçu le projet de fonder une vaste Exposition industrielle, à laquelle serait adjoint un dépôt permanent d'échantillons.

» L'Exposition s'est ouverte au « Palais du Prince royal Maximilien de Saxe », et les dépendances en ont été installées dans les bâtiments de la Société d'horticulture « Flora » de Dresde, Ostra-Allee, 22 et 24, où un espace d'environ 1000 mètres carrés leur a été réservé.

» L'Exposition a un but d'utilité pour toutes les personnes s'intéressant au commerce allemand d'exportation; elle reste ouverte tous les jours de la semaine.

» Quoiqu'il n'y ait guère eu plus de quatre semaines que l'on fût à l'œuvre pour préparer cette Exposition, dès le mois de juin, où elle fut ouverte, nombre de fabricants de toutes les branches de l'industrie avaient réussi à rassembler les échantillons les plus variés des objets d'exportation allemande.

» Environ 200 nouveaux membres, pour la plupart originaires de la Thuringe (de Greiz, de Gera, etc.), se sont empressés d'enrichir de leurs produits le dépôt d'échantillons et de satisfaire ainsi aux véritables besoins de notre commerce.

» Le progrès exceptionnellement rapide de l'exportation saxonne trouve son explication naturelle dans le caractère économique de notre royaume. La densité de population en Saxe est, non seulement supérieure à celle des autres Etats de l'Empire allemand (la ville de Berlin seule exceptée), mais encore à celle de nombre d'Etats étrangers, y compris même l'Angleterre et la Suisse, et qui passent pour des pays essentiellement d'industrie. (M. V. AUTONNE)

Musée d'Articles d'exportation de Munich.

Le Musée bavarois d'exportation est une institution fondée par l'Association générale de l'Industrie, l'Association bavaroise de l'Industrie des objets d'art et par la Société de Géographie de Munich, pour la sauvegarde des intérêts allemands à l'étranger.

Cette Association doit favoriser l'exportation des produits de l'industrie et du commerce bavarois, cela par les moyens suivants :

1° Elle accepte et elle expose des échantillons et des produits propres à l'exportation et fournis par l'industrie et le commerce bavarois. *(Le Comité d'administration décide de l'admission d'échantillons et de produits, etc., ne sortant pas de la Bavière);*

2° Elle facilite la vente et détermine les conditions pour le compte de l'exposant ;

3° Elle prépare et distribue les catalogues du Musée ;

4° Elle envoie des renseignements relatifs à l'exportation, aussi bien aux membres qu'aux vendeurs ;

5° Elle met en relations avec les directeurs d'autres sociétés du même genre, ainsi qu'avec des agents actifs des pays étrangers.

Le Musée d'exportation de Munich est une institution reconnue par l'Etat.

6° Peut devenir membre de la Société tout industriel ou commerçant bavarois dont les produits peuvent être exportés, et qui verse annuellement une somme de 25 marcks (31 fr. 25 c.). Cette somme se paie par six mois et d'avance, sans égard à l'époque de l'admission ; enfin, tous ceux qui soutiennent la Société en souscrivant des actions de chacune 100 marcks (125 fr.).

La situation financière de cette Agence d'exportation est prospère, et les résultats commerciaux sont des plus encourageants, puisqu'elle a transmis, en 1886, plus de 500 ordres d'exportation répartis sur 65 membres.

Leipzig, Calsruhe, Nuremberg et Cologne.

Chacune de ces villes possède un Musée commercial qui, à proprement dire, n'est qu'un Musée d'échantillons et d'objets destinés à l'exportation, mais fabriqués seulement dans chacun de ces pays.

Hambourg.

« La « *Rewe Borsen Halle* » a institué, l'année dernière, une Exposition permanente d'articles d'exportation.

» Les aménagements tout particuliers de la Bourse de Hambourg ont permis d'établir cette exhibition dans l'édifice même, où elle occupe trois salles situées dans les galeries supérieures.

» Il est inutile d'insister sur les avantages de cette position, qui donne aux exportateurs, dans le lieu même où les appellent chaque jour leurs affaires, la faculté d'embrasser d'un coup-d'œil les ressources de l'industrie allemande.

» Chaque producteur prend en location une vitrine, de dimension assez restreinte, dans laquelle il n'expose qu'un seul échantillon de chaque article ; mais, à toute époque, ces objets peuvent être retirés ou remplacés par d'autres. Sous la surveillance d'un gardien, le public a toutes facilités pour examiner les produits, les palper et s'assurer par lui-même de leur valeur et de leur qualité.

» Nous mentionnerons particulièrement, parmi les objets exposés, les articles de coutellerie et de quincaillerie, la mercerie, les fleurs artificielles, les couleurs d'aniline, les articles de caoutchouc, les produits de la verrerie, les bières en bouteille, les spiritueux, les eaux minérales, les produits chimiques et pharmaceutiques, parmi lesquels il faut relever une collection complète de sels de potasse produits par les sociétés industrielles de Stassfurt et d'Achersleben.

» Le but direct de cette entreprise n'est pas, à proprement parler, la vente par commission, en ce sens que la Société « *Neue Borsen Halle* » ne s'érige pas en intermédiaire rémunéré entre les acheteurs et les fabricants.

» Les catalogues et prix-courants de ces derniers sont tenus à la disposition du public, qui peut s'adresser directement au producteur.

» L'entreprise doit trouver une rémunération suffisante dans la location des vitrines, dont le prix est relativement élevé. »

M. d'Avricourt, Consul de France.

Italie.

Deux Musées commerciaux ont été récemment créés dans la Haute-Italie : l'un à Milan, l'autre à Turin.

Le *Musée commercial de Turin,* institué par un décret royal, a pour but :

1º De faire connaître, aux industriels et aux commerçants italiens, les produits les plus appréciés et les plus recherchés sur les marchés étrangers, afin qu'ils puissent développer leur activité commerciale, en sachant à peu près le prix auquel ils peuvent vendre leurs produits et la qualité qui jouit de la préférence dans les divers pays ;

2º De faire connaître aux commerçants italiens les produits industriels et agricoles de l'étranger, afin qu'ils puissent choisir ceux qui leur conviennent le mieux, quant aux prix et à la qualité.

Cette exposition se complète par des échantillons, représentant l'apprêt, l'emballage et les marques dont on se sert dans le commerce d'exportation pour les produits figurant dans les divers marchés étrangers, ainsi que tous les renseignements pouvant faire connaître le goût et les besoins des consommateurs étrangers.

Au Musée commercial est annexé un bureau d'informations, chargé de fournir au public italien les taxes maritimes, les prix de transport par chemin de fer et tous renseignements utiles à l'exportation.

Les échantillons du Musée commercial de Turin sont recueillis par l'entremise des Consuls, par les représentants des maisons de commerce italiennes à l'étranger, et aussi directement, par les soins et aux frais du Ministère de l'agriculture, industrie et commerce.

Ce sont les Consuls à l'étranger qui achètent les échantillons des marchandises qui trouvent un débouché dans le pays où ils ont leur résidence.

Les dépenses nécessaires pour le Musée commercial de Turin sont supportées par l'Etat; ni les exposants, ni les visiteurs n'ont à supporter aucun déboursé.

———

Le *Musée commercial de Milan*, patronné par la Chambre de commerce, est en voie d'organisation.

Pour se procurer des échantillons, le directeur a mandat de demander, dans les différentes contrées, des échantillons qu'il soumet aux industriels susceptibles de les reproduire, et, par contre, il envoie des spécimens en demandant le parti qui en pourrait être tiré dans les différents pays.

Les exposants paieront une taxe proportionnelle à l'emplacement occupé.

L'Administration de ce Musée est composée d'un directeur et d'un comité de surveillance.

Pays-Bas.

Amsterdam.

« L'entreprise du Musée commercial d'Amsterdam est en déconfiture.

» L'essai n'a pas été heureux et a démontré, une fois de plus, ce qui me paraît acquis par l'expérience, que ce genre d'institution peut difficilement prospérer comme affaire principale.

» L'appui, au besoin financier, soit d'une Chambre de commerce, soit d'une importante maison de commission qui en ferait son moyen de réclame, à part de très rares exceptions, une condition vitale pour la réalisation pratique d'une idée dont les effets pourraient, d'ailleurs, être fort utiles.   (M. Monclar, Consul de France.)

Autriche-Hongrie.

A Vienne, une société privée, subventionnée par l'Etat, a créé le *Musée oriental*, dont le but est de développer les relations commerciales avec les contrées de l'Orient et de l'Asie orientale.

Cet établissement, fondé il y a une dizaine d'années au premier étage de la Bourse de Stenben-Ring, a conservé le nom de *Musée oriental* jusque dans le courant de 1886, époque à laquelle il a été transformé en *Musée général du Commerce*.

Il se rapproche beaucoup aujourd'hui du Musée commercial de Bruxelles.

Le Musée commercial de Vienne possède :

1° De belles collections ethnographiques et des collections d'articles destinés à l'exportation, qui comprennent 2070 séries d'objets divers appartenant aux industries et aux arts d'Orient. La section des Indes anglaises a plus de 2500 numéros. Tous les produits qui se fabriquent de Constantinople à Yokohama, sont représentés dans ce Musée, et tout ce qui est importé dans ces pays par une nation quelconque a là un échantillon ;

2° Une bibliothèque et une collection de cartes géographiques avec salle publique de lecture, avec tous les journaux commerciaux du monde entier ;

3° Un bureau de renseignements commerciaux, renseignements qui sont transmis par les trois cents membres correspondants, banquiers, industriels, négociants, voyageurs dans tous les pays du monde. Un catalogue contient toutes les indications sur le prix, les habitudes, les usages de vente, les procédés de fabrication, les exigences de vente et le mode de paiement.

Depuis sa fondation, il publie un bulletin qui porte le titre de *Handels Muséum*. Cette feuille traite des questions intéressant le commerce international ; elle contient des études sur les centres industriels de la monarchie qui travaillent pour l'exportation.

Le Musée a organisé des conférences publiques sur les choses de l'Orient, à tous les points de vue du commerce, de l'industrie et de l'art.

Le *Musée général du Commerce* de Vienne rend d'immenses services à l'industrie et au commerce de l'Autriche-Hongrie, qui ont pris, sur les marchés d'Orient, une très grande importance au détriment du commerce français d'exportation.

Ce Musée est aujourd'hui subventionné par l'Etat, par les grandes Sociétés financières et industrielles, et par les Chambres de commerce autrichiennes.

Budapest.

Le *Musée commercial de Budapest*, dont la création a été résolue par la Société royale, sera subventionné par le Gouvernement et de nombreuses souscriptions.

Les statuts ne sont pas encore publiés.

Portugal.

Musée commercial de Lisbonne.

Ce Musée, institué par décret royal du 24 décembre 1883, et établi au couvent de Belens, n'est pas encore complètement organisé. — Ses statuts sont à peu près les mêmes du Musée de Bruxelles.

Il est divisé en deux sections : l'une étrangère et l'autre nationale. La section nationale se subdivise en section coloniale et en section de la métropole. Cette dernière ne reçoit que les produits des districts de Garo, Beja, Evora, Portalègre, Santarem, Leira, Lesboa, Castello Branco.

Son organisation extérieure comprendra une bibliothèque commerciale avec salle de lecture. Un bulletin mensuel relatera les opérations du Muséc.

Les produits étrangers sont reçus sans rétribution.

Une Ecole de commerce et de dessin, créée par décret du 3 janvier 1884, sera adjointe à ce Musée, cela dans les mêmes locaux et sous la même direction.

Musée industriel et commercial de Porto.

Ce Musée est en plein fonctionnement au Palais de Cristal de cette ville. Décrété à la même date que celui de Lisbonne, il a la même organisation et les mêmes statuts.

Dans celui-ci, la sous-section nationale de la métropole reçoit les produits des districts de Vianna, Villa-Real, Braga, Porto, Bragança, Avero, Combra, Vizen et Guarda.

Voici certaines dispositions du règlement concernant les objets destinés à la section étrangère :

« 1° Les objets doivent être embarqués dans quelque port de mer de votre pays qui ait une communication directe avec Porto.

» 2° L'envoi à Lisbonne nous convient moins, car il entraîne un surcroît de frais.

» 3° L'envoi par terre *viâ Irun*, ou par toute autre voie traversant l'Espagne, est interdit depuis le 1er juin, l'expérience nous ayant prouvé que les frais par ces voies de transport sont très élevés.

» 4° L'exposant paiera tous les frais de transport des objets destinés à la vente, ainsi que les droits de douane.

» Comme on l'a dit dès le premier jour, on ne prélève au Musée aucun droit de location, ni aucune commission, quelles que soient les conditions de la vente des objets exposés. Tous les services que le personnel du Musée est appelé à rendre aux exposants, tant nationaux qu'étrangers, sont gratuits, d'après les statuts.

» 5° En cas de non vente, la Direction offre son intervention pour obtenir le remboursement des droits de douane, en faveur de l'exposant.

» 6° La direction a chargé la maison de M. C. Roiz Batalha, à Porto, de régler les affaires commerciales (représentation, vente, assurance, etc.) de MM. les Exposants.

» 7° MM. les Consuls, Vice-Consuls et autres Agents consulaires de Portugal sont tenus à aider, de toutes leurs forces et de toute leur influence, MM. les Négociants et Industriels qui voudront profiter des avantages que le Musée de Porto leur offre.

» MM. les Consuls, etc., donnent tous les renseignements sur les tarifs de la douane portugaise, étant en possession des documents officiels du gouvernement de Sa Majesté T. F. qui s'y rapportent, et ayant reçu, en outre, un exemplaire de toutes les publications (lois, règlements, instructions, circulaires, etc.) de ce Musée.

» La direction du Musée ne paiera le transport dès l'embarquement que pour les objets (d'une certaine valeur) offerts au Musée. Dans ce cas, elle paiera aussi les droits de douane.

Espagne.

Musée commercial de Saint-Sébastien.

Le Syndicat commercial, formé des principaux membres du Cercle français, a établi, dans le local de la Société l'*Union française*, un Musée commercial où sont admis les échantillons des produits des deux pays.

Dans le but d'aider à la propagande de ces produits, le syndicat renseigne, par voie officielle,, sur. l'origine des importations qui ont lieu sur les frontières du Nord, ainsi que les motifs de la préférence que leur accorde la consommation.

Il fournit tous les renseignements pouvant intéresser le commerce français.

Ce Musée est placé sous le patronage de M. le Consul de France, et autorisé par M. le Gouverneur de la province de Guipuzcoa.

Angleterre.

Musée industriel, commercial et artistique de Kensington, à Londres.

Le Musée de Kensington de Londres, commencé en 1858 à l'aide des fonds votés par le Parlement, fut ouvert le 24 mai 1859.

Le caractère artistique domine dans ce musée. — Les Anglais, généralement si pratiques, ont négligé les avantages de cette institution au point de vue commercial et professionnel. Voici, à peu près, l'installation et l'organisation de ce Musée industriel, commercial et artistique.

« Les objets prêtés, acquis ou donnés au Musée de Kensington, forment les groupes suivants :

» 1º Musée des brevets d'invention ;

» 2º Musée d'éducation ou salle de lecture, comme en Belgique, en Allemagne et en Autriche ;

» 3º Collections des matériaux employés dans la collection architecturale ;

» 4º Collections de productions animales et végétales ;

» 5º Galerie de peinture britannique ;

» 6° Collection de produits bruts et fabriqués de matières premières employés dans l'industrie ;

» 7° Collections des produits coloniaux ; enfin, centralisation des produits nationaux.

» ..... Outre les objets d'art et d'industrie, il y a dans le musée le matériel de modèles, reliefs, livres et photographies qui servent à l'enseignement du dessin.

» Un service spécial pour la reproduction des meilleurs objets du Musée par la photographie est annexé à Kensington.

» Le Musée est ouvert tous les jours, et visité par plus de 3000 personnes par jour. »

Avons-nous un établissement public pouvant produire une aussi brillante statistique?

France.

M. Napoléon Ney, le publiciste compétent qui s'est beaucoup occupé des Musées commerciaux, écrivait dans la *Revue des Deux-Mondes :*

« Il y avait au Ministère du commerce, boulevard Saint-Germain, 244, un embryon de Musée commercial, ce Musée de poupée qui eût fait sourire un Bavarois. Un beau jour, le Musée fut fermé par ordre, ne fut jamais réouvert, et les collections dispersées. »

Si l'appréciation n'est pas exagérée, cette indifférence est bien regrettable.

Ce que l'Etat n'a point fait, l'initiative privée l'a essayé.

En 1885, M. Cruchet créa, rue Lepelletier, 3, un *Musée commercial et industriel* que nous avons visité en 1886... Pour un début, l'installation était parfaite; la tentative méritait d'être encouragée. Les encouragements officiels lui manquant, les charges excédant les recettes, le directeur, découragé, a abandonné cette utile entreprise.

Depuis, nous ne savons pas que d'autres tentatives de ce genre se soient produites dans notre capitale.

———

Sur les musées commerciaux de Province, nous n'avons que des renseignements très incomplets.

Lille possède un *Musée commercial* renfermant des collections de produits fabriqués par l'étranger, et qui s'écoulent sur les différents marchés du monde ; cela, pour faciliter aux industriels de la contrée la reproduction d'articles pouvant trouver leur placement dans ces pays.

Le *Musée commercial* comprend aussi une Exposition permanente tout à fait gratuite du matériel et des produits des principales industries de la région ; les frais en sont supportés par la Ville.

———

La *Société industrielle* d'Amiens vient de fonder un Musée commercial. Son organisation récente ne nous permet pas d'en faire connaître le but et les statuts.

———

A Bordeaux, comme à Paris, l'initiative privée a tenté la création d'un Musée commercial. Cette entreprise, installée rue de Condé, 5, est appelée, croyons-nous, à avoir le même sort que celle de la rue Lepelletier. L'exiguïté des locaux, l'aménagement à grands frais et l'indifférence des pouvoirs publics, seront probablement les causes de sa non réussite.

M. A. Deleuil, directeur du journal *le Moniteur agricole et industriel,* a essayé de fonder un Musée commercial à Marseille.

Ce novateur, trop enthousiaste, s'est heurté, comme bien d'autres, à l'inertie et à la routine d'un trop grand nombre d'industriels français, et son œuvre n'a vécu que quelques mois.

L'*Ecole de la Martinière,* à Lyon, a organisé un Musée commercial, renfermant des collections d'appareils, de matières premières, collections industrielles et commerciales ; mais ce Musée n'est qu'une exposition inerte, ne remplissant pas les conditions et le but que se sont proposés les promoteurs de ces institutions commerciales.

———

Sur l'iniative de M. Leloup, avec le concours des industriels et des commerçants de Nantes, un *Musée industriel, commercial et maritime*, a été fondé dans cette ville en 1836.

Créée en vue de l'enseignement professionnel, cette institution a la même organisation du Musée de *Kensington*; elle diffère esssentiellement des Musées commerciaux d'Allemagne et d'Autriche, destinés exclusivement à la propagande commerciale; nous ne le signalons que pour ses belles collections de produits industriels et son matériel de navigation.

. . . .

———

Dans la nomenclature, un peu monotone que nous venons de faire des musées commerciaux, nous distinguons deux types: le *Musée* qui expose et le *Comptoir d'échantillons* qui traite les affaires. Le *Musée industriel et agricole* de Toulouse, ajourné par des considérations déjà énoncées, possèderait le double caractère du Musée et des comptoirs allemands ; l'exposé du but et des moyens de cette entreprise est ainsi conçu :

« Convaincu de l'efficacité du principe de la permanence des Expositions, le Musée commercial a été fondé pour en faire l'application, en créant, dans un centre régional important, une *Exposition permanente*, réservée aux inventions, perfectionnements et produits nouveaux ou utiles à l'industrie, à l'agriculture et au commerce.

» Ayant pour objet essentiel la vulgarisation rapide, la Société s'est préoccupée d'installer cette Exposition dans les meilleures conditions possibles de succès.

» Toulouse, par sa position géographique, étant un centre où convergent et s'alimentent les besoins matériels et intellectuels de la région, est naturellement désignée pour une telle Exposition :

« *Centre industriel par les nombreuses usines et établissements*
» *métallurgiques de la Haute-Garonne et de l'Ariège, les bassins*
» *houillers du Tarn et de l'Aveyron ;*

» *Centre commercial comme tête de ligne ou point d'arrêt de*
» *nombreuses voies ferrées ;*

» *Essentiellement agricole par les riches et fertiles vallées de la*
» *Garonne et de ses affluents ».*

» Par sa situation exceptionnelle, Toulouse réunit un ensemble d'avantages qu'aucune autre ville du Midi ne possède à un degré comparable. Plusieurs fois dans l'année, les manufacturiers et commerçants de la région y sont forcément appelés pour leurs affaires ; par suite, ils pourront, presque sans frais de déplacement, sans précipitation et sans fatigue, revoir deux et trois fois, à court intervalle, l'invention, le perfectionnement ou le produit qui les aurait laissés hésitants et mal convaincus une première fois. Le viticulteur, préoccupé de la reconstitution de ses vignobles, y trouvera représentés les divers cépages américains, hybrides et autres, les antiphylloxériques, etc., et les indications sur les résultats déjà obtenus. Cette permanence leur fera adopter telle machine, tel appareil ou tel produit qu'ils auront bien compris et se seront bien assimilé par plusieurs visites.

» Pour ce public anonyme de chercheurs, amateurs, curieux, voyageurs, etc.., souvent indifférent aux Expositions de produits commerciaux déjà connus, cette Exposition possèdera cette vive attraction de l'idée nouvelle. Tout ce qui la composera étant un progrès, elle captera sa curiosité, et par la gratuité d'entrée, s'imposera à sa visite ; il y prendra des connaissances qui combattront la routine et diminueront ces regrettables lenteurs qu'un produit nouveau met à se faire adopter.

» Malgré les avantages qui précèdent, nous considèrerions notre création comme peu novatrice si nous nous contentions de l'Exposition inerte. La *Société de vulgarisation* se propose de la vivifier et de la rendre commercialement active et militante par l'organisation d'un personnel d'agents, ayant compétence et notoriété pour porter l'offre dans tout le Midi, et effectuer, pour le compte de MM. les Exposants, la vente de tous les objets représentés à cette Exposition.

» A cette innovation, qui assure déjà aux exposants des résultats d'une certitude incontestable, nous proposons d'ajouter l'expérimentation publique des machines ou appareils ayant un caractère scientifique, économique ou agricole ; démonstration des merveilleuses applications de l'électricité à l'usage domestique, à l'éclairage public et privé, le transport de la force, la téléphonie, etc., etc.

» Cette salle d'expérimentation, emménagée avec luxe, recevra encore les œuvres d'art, qui seront disposées de manière à en faire valoir le mérite artistique ; elle servira, en outre, à l'appréciation d'instruments de musique, pianos, etc.

» Nous arrêtons cet exposé, qui demanderait encore bien des développements et résumons le programme de la Société en quelques lignes :

« *1° Centraliser dans un seul local les inventions, perfection-* » *nements et produits nouveaux ou utiles qui s'éparpillent en dépôts* » *multiples, presque sans intérêt et sans succès ;*

» *2° Par une exposition constamment attractive, avec entrée gra-* » *tuite, amener les intéressés de toute la région à visiter ce Musée* » *industriel, commercial et agricole ;*

» *3° Enfin, grouper les efforts de publicité et de représentation de* » *Messieurs les Exposants pour obtenir, par la puissance de la collec-* » *tivité, un maximum de résultats avec un minimum de dépenses.* »

» Tel est le but que la Société se propose en créant, dans le Midi, une *Exposition permanente*, innovation essentiellement pratique, dont le succès est d'autant plus sûr qu'il répond à un besoin incontestable de vulgarisation.

» Créée par l'initiative privée, affranchie de toute entrave administrative, cette Exposition aura la liberté indispensable pour donner aux intérêts qui lui seront confiés cette impulsion, ce développement d'affaires que les Expositions officielles ne peuvent que mal donner avec de très grands frais.

» Fortement soutenue par un journal spécial, *le Musée commercial*, paraissant mensuellement, elle se complètera par un service d'informations économiques et de publicité dans toute la région.

» Nous terminons par un argument comparatif.

» L'Exposition temporaire coûte : des frais d'installation et d'aménagements ; des frais de surveillance, de représentation ou de séjour ; des frais de publicité, et cela pour un laps de temps de quelques jours, et des bénéfices souvent bien aléatoires.

» L'Exposition que nous créons procurera des résultats autrement concrets :

» *1° Exposition permanente dans un centre régional important, dans des locaux les plus favorablement placés, pour recevoir des milliers de visiteurs ;*

» *2° Publicité périodique par un journal spécial, par catalogues, affiches ;*

» *3° Représentation active, dans tout le Midi de la France, par des agents voyageurs recommandables et spécialement compétents, toujours dirigés par la Société, par l'entremise de laquelle s'effectueront les ventes.*

» Ces divers avantages s'obtiennent moyennant une redevance annuelle (100 fr.) équivalant à peine au prix de l'insertion d'une annonce dans un grand journal politique, d'une affiche sur un kiosque ou d'un tableau dans une gare.

» Messieurs les industriels, négociants et producteurs ne se méprendront pas sur les avantages de notre institution pour la vulgarisation de leurs produits et l'extension de leurs affaires. Aussi avons-nous la confiance qu'appréciant tous ces éléments de succès, ils feront bon accueil à notre création et voudront bien seconder, par leur adhésion, cette entreprise éminemment utile.

(Le Directeur de la Société de vulgarisation.)

Après l'ajournement de cette création, la Société franco-hispano-portugaise de Toulouse, qui devait participer à ce Musée commercial par une exposition distincte des produits du Midi et du Sud-Ouest, a

cru devoir tenter une création similaire, rue de la
Dalbade, 37. — L'exiguïté des locaux, l'insuffisance
de l'emménagement nous font croire à l'insuccès
de cette tentative ; cela, malgré les louables efforts
de son Directeur, qui offre gratuitement à tous les
produits régionaux, non seulement l'hospitalité du
« *montagnard écossais* », mais encore promet aux
exposants les plus méritants : croix, médailles et
autres distinctions *franco-hispano-portugaises*...

De tels sentiments de générosité ne sauraient être
assez encouragés.....

Sous l'impulsion de ces quelques exemples, de
nombreux Musées commerciaux sont actuellement
en voie d'organisation à Saint-Quentin, Clermont-
Ferrand, Aubusson, Rouen, Roubaix, Reims, Tarare,
Elbeuf, Nancy, Troyes, Limoges et Mâcon.

Dans nos colonies : Philippeville, Constantine et
Saïgon suivent la métropole dans cette voie.

Cette émulation nous laisse espérer que la France,
qui a eu la première l'idée de ces institutions, distan-
cera bientôt toutes les nations qui l'avaient
devancée.

TABLE DES MATIÈRES

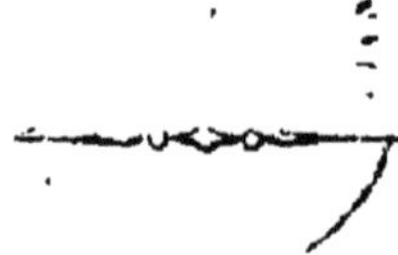

Toulouse. — Typographie ROUX, rue de la Pomme, 28.